建筑模型制作全书

Picture Analysis of Architectural Models Making

缪珈琳 歆 静 编著

江苏凤凰科学技术出版社 · 南京

图书在版编目（CIP）数据

建筑模型制作全书 ／ 缪琲琳，歆静编著 . -- 南京 ：
江苏凤凰科学技术出版社 ，2022.4
　ISBN 978-7-5713-2795-8

　Ⅰ . ①建… Ⅱ . ①缪… ②歆… Ⅲ . ①模型（建筑）-
制作 Ⅳ . ① TU205

中国版本图书馆 CIP 数据核字 (2022) 第 031494 号

建筑模型制作全书

编　　　著	缪琲琳　歆　静
项 目 策 划	凤凰空间／杜玉华
责 任 编 辑	赵　研　刘屹立
特 约 编 辑	杜玉华

出 版 发 行	江苏凤凰科学技术出版社
出版社地址	南京市湖南路 1 号 A 楼，邮编：210009
出版社网址	http://www.pspress.cn
总 经 销	天津凤凰空间文化传媒有限公司
总经销网址	http://www.ifengspace.cn
印　　　刷	天津图文方嘉印刷有限公司

开　　　本	710 mm×1 000 mm　1 / 16
印　　　张	12
字　　　数	192 000
版　　　次	2022 年 4 月第 1 版
印　　　次	2022 年 4 月第 1 次印刷

标 准 书 号	ISBN 978-7-5713-2795-8
定　　　价	69.80 元

目录

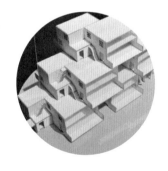

第三章

第四章

第五章

第六章

1

第一章
建筑模型制作基础

重点概念： 概述、分类、制作准备、制作要点、图纸设计、制作流程

章节导读： 建筑模型的制作过程是建筑设计与再推敲的过程，同时也是检验设计图纸与设计方案是否具备可行性的过程。建筑模型可以立体化、真实化地表现设计理念，对最终建筑设计有很大帮助。由浅入深地了解建筑模型制作知识，能更好地从科技角度与艺术角度重新定义建筑模型（图1-1）。

注：建筑模型主要用于表现建筑的形体结构，强化建筑与周围环境之间的关系。环境塑造是丰富与衬托建筑形体的重要手法。现代建筑模型制作多采用机械加工，通过批量复制的生产方式来制作模型。

图1-1　建筑模型

第一节
关于建筑模型

建筑模型是一种建筑微缩形体结构，它能形象、具体地向公众展示建筑的形体魅力与环境关系。随着时代进步和科技发展，建筑模型不再局限于手工制作，还会使用雕刻机、3D打印机等机器设备来制作加工，拥有了更丰富的技术手段。

一、什么是建筑模型

1. 概念

建筑模型是用于展示建筑形体，传达建筑设计理念，表现建筑设计方案的一种直观、形象的构造模型。它具有较好的空间形体与视觉观感，能吸引公众注意力，同时能与公众产生互动，使其与设计者产生共鸣。建筑模型存在于平面设计图纸与三维实体之间，通过结构塑造与色彩搭配，将平面与实体完美结合起来，从而直观地表现出建筑设计特色。

2. 基本特征

制作建筑模型时，要表现出建筑单体或群体之间的结构关系，充分考虑实体建筑与模型缩样之间的比例关系。建筑模型具备以下特征：

（1）多样性。建筑模型拥有多种多样的造型与色彩，它由不同材料制作而成，根据不同用途，可分为概念模型、展示模型、研究模型（图1-2）等。

（2）真实性。建筑模型在表现建筑结构与设计风格时，不仅要保证比例正确，而且要追求造型、质感、色彩、周边环境等细节效果，让建筑模型更贴近现实（图1-3），能充分展示建筑结构的艺术魅力。

树木采用白色不是为了烘托意境，而是为了淡化视觉效果，将观者注意力集中在建筑形体结构上

橙色建筑结构能表现出建筑的主要造型特征，是研究建筑形体审美与功能的重要构造

图1-2　建筑研究模型

选用真实的色彩表现建筑外部与环境，符合公众的认知

搭配真实比例的车辆与绿化来衬托建筑形体的精准，强调真实性

图1-3　建筑模型的真实性

（3）时代性。建筑模型不仅在材料的选用上要紧跟潮流，而且加工材料的工艺也要具备时代性，应当选用高科技设备与新兴技术来制作，以使其结构更稳固，外观更细腻。

（4）互动性。建筑模型能表现出公众对建筑空间的情感，能激发公众对建筑的兴趣与关注。

（5）全面性。建筑模型制作所涵盖的内容很多，主要包括工作环境、材料工具选配、地形参考、配件制造等内容，是一项复杂多样的技术学科。

二、建筑模型的发展

建筑模型制作的材料与工艺会随着时代发展而不断更新，了解建筑模型的发展，能更好地进行建筑模型细节设计。

1. 中国建筑模型的发展

中国传统建筑多是木质材料，为了强化表现建筑的骨架结构，工匠会制作与建筑相对应的模型，既是为了审核设计方案，也是为了更好地指导建筑施工（图1-4）。

沙盘是一种建筑模型形式，最早产生于秦代，是根据真实的战场地形，按照一定比例使用兵棋、泥沙等材料，专为战争指挥者研究战术、分析战情、制定作战方针制作的模型，后期逐渐发展为研究城市建设与建筑群规划的建筑模型。

到了清代，著名的"样式雷"家族设计制作了一系列建筑模型，又称烫样（图1-5）。该家族主要为皇家服务，后世所见的圆明园、颐和园、京城王府、承德避暑山庄等建筑均由其负责设计建造。"样式雷"的模型都能与建筑协调统一，符合公众审美需求，制作技艺十分高超。

用现代机械雕刻加工零部件后组装完成

用多层纸张叠加成纸板，制作建筑屋顶等覆盖构造

装饰部分用颜料涂色

严格控制建筑形体的比例与尺寸

泥土铸模成型制作底盘

图1-4　木与纸结合制作的建筑模型　　　　图1-5　清代圆明园清夏堂烫样

新时代的建筑模型所选用的制作材料更为多样化，建筑造型也更具创造性，色彩搭配更加美观，模型结构更加稳定，模型的研究价值也有所提高。如今的建筑模型不仅能够传递具有时代精神与创新意义的设计思想，还兼具经济价值。

2. 西方建筑模型的发展

约公元前 5 世纪的古希腊时期就出现了建筑模型，古希腊书籍中曾提到过关于神殿模型的制作过程。此外，当时的公众对于宇宙比较崇拜，所设计的建筑模型比例较大（图 1-6、图 1-7）。

严格控制建筑构造的比例关系，
将细节塑造得很精细

简化色彩表现，强调形体结构与
空间关系

图 1-6 圣殿复原模型

陶土制作，细节塑造严谨

注重建筑外部装饰细节，将雕塑
融合到建筑模型中

图 1-7 雅典卫城局部模型

欧洲中世纪设计师四处游览和观摩，从经典建筑设计案例中获取制作建筑模型的灵感。这一时期，欧洲的建筑模型比例都较小，主要用于展示建筑材料与构造，并阐述建筑设计理念，预测建筑工程开销等。

文艺复兴后，设计师将建筑模型运用到建筑设计中，模型设计与真实建筑一致，在材料上多采用实体建筑材料，建筑模型体积比较大。

工业革命后，大量现代工具与设备开始被运用在建筑模型制作中，使建筑模型越来越精细，且富有创造性与生动感，同时提高了建筑模型的经济价值，使建筑模型制作成为一项产业。

三、现代建筑模型

现代建筑模型要具备一定的研究价值和经济价值,在制作时会更注重体现功能与美感(图1-8)。

商业建筑模型注重形体大小
与高差对比

内置灯光与外部投
射照明融为一体

(a)商业地产建筑规划模型

追求规划的条理性
与秩序感

强调建筑内部局部
发光,表现出生动、
真实的建筑环境

(b)学校建筑展示模型

图1-8 现代房地产建筑模型

1. 商业展示模型

商业展示模型追求精致的外观，在制作时会利用灯光、景观、多媒体设备等来烘托浓郁的商业氛围（图1-9）。在灯光设计上，会选用更多具有流动性的自然散点光源，以更好地展示出商业街区的繁荣与兴盛。在场景布置上，会布置比较多的人物模型与车辆模型，营造出商业街区人声鼎沸的感觉。

注：商业展示模型注重表现细节，任何局部都可能会被消费者关注。地产开发项目可以对建筑进行分级制作，正在开盘销售的建筑按真实形态制作，未开发的建筑则采用透明亚克力板块雕刻，但每座建筑的地理位置都要准确。

图1-9 商业展示模型

2. 地形研究模型

地形研究模型主要用于表现建筑与建筑周边的地理环境，如城市中常见的游乐场、公园、广场、街道、绿化设施等。地形研究模型能表现出建筑周边的交通、绿化、河湖等情况，模型中的所有元素都要根据真实比例进行制作。地形研究模型主要用于设计前期与中期，也可以用于博物馆、展览馆中科普知识的展示（图1-10）。

注：展示功能只是博物馆内的地形研究模型的部分功能。随着城市的发展，博物馆会替换模型中相应的构筑物与场景布置，更换的过程代表着城市建筑的发展。

图1-10 地形研究模型

第二节
建筑模型分类

一、概念方案建筑模型

概念方案建筑模型主要用于展示建筑初始设计阶段的设计理念，通过展示建筑初始结构与建筑基础地形来向公众传达建筑设计思想。

概念方案建筑模型多会以倾斜地形来表现建筑周边的地形特色，或直接省略周边环境，重点强调建筑形体的结构与比例特征，加深公众对该建筑模型的印象（图1-11）。

用白色PVC板制作建筑主体，不着色，方便随时变更设计概念

周边地形稍带斜坡，通过树木覆盖来缓解视觉高差

（a）建筑与环境

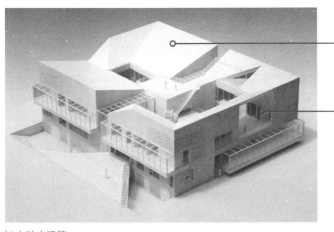

强化屋顶倾斜造型的表现，突出建筑结构特征

准确表现内部形体结构，注意细节塑造，省略周边环境配置，突出模型的表现重点

（b）独立建筑

图1-11　概念方案建筑模型

二、房地产展示建筑模型

　　房地产展示建筑模型可分为总体展示建筑模型、区域展示建筑模型（图1-12）与单体建筑模型。根据展示范围的不同，模型制作的要求也会有所不同。

总体模型注重建筑形体的统一效果，所有模型构件均为机械批量加工

表现地产外部道路、桥梁等建筑构件，精准定位地理位置

（a）总体展示建筑模型

表现建筑的个性造型与细微布局差异

绿化植物虽然密集，但是不能遮挡道路，为了强化道路还需要布置发光灯具

（b）区域展示建筑模型

图1-12　房地产展示建筑模型

补充要点

房地产展示建筑模型制作费

　　房地产展示建筑模型的大小、比例、灯光、材质不同，最终造价也会不同，一般为几万元到几十万元不等。部分制作精细、内容繁杂的建筑模型制作费会更高。目前房地产展示建筑模型的造价通常按模型占地面积计算，为 8 000 ～ 10 000 元 /m²。

三、博物馆展示建筑模型

博物馆展示建筑模型需要对历史场景中的建筑进行复原，主要用于展示某一时期的地形与建筑特色（图1-13）。

单体建筑高度均衡化，能表现出宏大的规模

模型材料色彩单一，注重明暗层次对比

（a）建筑规划复原模型

拆除部分建筑结构，表现建筑内部构架

建筑外围不设辅助建筑，仅通过人物模型来衬托建筑形体

（b）建筑结构解剖模型

图1-13　博物馆展示建筑模型

第三节
建筑模型制作准备

一、备齐工具与材料

用于建筑模型制作的工具与材料种类较多，在制作伊始，要了解不同工具与材料的特性，熟悉操作方法。

1. 工具

制作建筑模型常用的工具有测量工具、切割工具、锯裁工具、打磨锉削工具等。测量工具有直尺、三角板、角尺、比例尺、游标卡尺、模型模板、蛇尺等。切割工具有钩刀、手术刀、裁纸刀、角度刀、剪刀、切圆刀等。锯裁工具有钢锯、手锯、电动手锯、电动曲线锯、电热丝切割器等。打磨锉削工具有砂纸、锉刀、台式砂轮机、抛光机、砂纸机等。此外，还会用到一些机械设备，如喷绘机、雕刻机、3D打印机等（图1-14）。

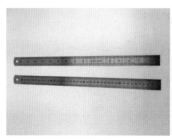
（a）直尺：长直线划切

（b）三角板：短直线划切与角度定位 （c）钩刀：细节雕刻

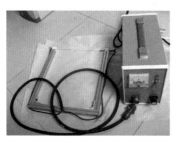
（d）电热丝切割器：聚苯乙烯板切割

（e）台式砂轮机：打磨

（f）雕刻机：硬质板材成型切割

图1-14 建筑模型制作工具

2. 材料

建筑模型材料主要有纸质材料、木质材料、塑料材料、金属材料、玻璃材料、电子设备材料、各类黏合剂、添景装饰材料等，在后续章节中会介绍这些材料的具体特性。

在制作建筑模型之前，要根据建筑模型的规格与结构选择合适的材料，并利用工具将其裁切成型，然后再对照设计图纸将零部件组装起来。不同性质的材料适用于建筑模型中的不同部位，例如：采用中密度聚氯乙烯（PVC 板）制作建筑模型的围合体或底盘；采用低密度聚苯乙烯板（PS 板）制作建筑模型的毛坯结构；采用有机玻璃板制作建筑模型的门窗贴面等（图 1-15）。

（a）中密度 PVC 板

（b）低密度 PS 板

（c）有机玻璃板制作的窗户

用雕刻纹理后的 ABS（丙烯腈、丁二烯、苯乙烯三种单体的三元共聚物）板制作屋顶与外墙

用 PVC 板制作模型底盘

购置植绒贴纸制作草坪

购置的成品绿化树木模型，直接栽植在底盘上

（d）材料综合应用

图 1-15　制作建筑模型所需的部分材料

二、熟悉并把控精准度

　　高标准的制作工艺才能塑造出精致的建筑模型，材料切割是提升建筑模型品质的关键，精准度高才能确保模型的品质与美观。

　　精准的切割能够达到无缝贴合的精细效果。根据材料厚度与质地选择合适的切割工具，能有效避免材料断裂或裁切不平的状况。切割前应当在建筑模型材料上绘制出切割参考线。手工切割要控制好切割速度，机械切割要选择合适的刀头，并做好安全防护工作（图1-16）。

手工切割适用于中低密度的PVC板，采用裁纸刀即可完成，下刀力度要轻，防止划切偏离方向

机械切割要选用与板材硬度、厚度相对应的刀头

板材底部要垫上底盘用于固定

（a）手工切割PVC板　　　　　　（b）机械切割丙烯腈/丁二烯/苯乙烯共聚物（ABS）板

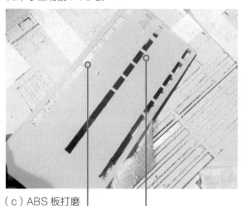

（c）ABS板打磨　　　　　　　　（d）ABS板组装

高密度ABS板通过机械切割后能获得锐利挺括的边角造型

需要对切割完毕后产生的毛糙边缘进行简单打磨

拼接前应对板材进行分色喷漆

将喷漆完毕的板材拼接组装成建筑构造

图1-16　精准切割后拼接建筑模型

三、搭配灯光与电子设备

1. 灯光应用

建筑模型在布置灯光时，要遵守主次分明的分层原则，要明确整体区域主要灯光的分布位置和照射方向，并能根据建筑周边景观的不同选择不同的灯光（图1-17、图1-18）。

（a）建筑内部板料灯光连接　　（b）底盘背面灯光控制芯片临时接线　（c）底盘正面穿孔接线

图1-17　灯光线路连接

内部灯光分开布置，形成多处光源，丰富视觉效果

内部统一安装发光灯带，增强整体照明

配置多种色彩灯光形成浓厚的商业氛围

周边配置多种侧光与点光，与主建筑灯光形成呼应

图1-18　建筑模型灯光应用

2. 电子设备

建筑模型制作常用到的电子设备包括 LED 显示屏、程控灯具、电动机等，这些电子设备能够赋予建筑模型美轮美奂的视觉效果。

LED 显示屏主要用于建筑模型中的引导与互动设备，例如用于显示建筑模型设计说明的显示屏、让公众参与互动的触屏等。程控灯具既可赋予建筑模型不同色度、暖度、明度的灯光，给予公众不同的情感感受，又能根据人的位置来控制灯光的开关与明暗效果。程控灯具多选用 LED 灯或冷色低压灯泡（图 1-19）。

建筑模型中的电子设备多为遥控开关、感应开关，控制模型中灯光、动力、声效的运行。电子设备不能在潮湿、高温环境下使用，因此建筑模型材料必须时刻保持干燥，模型必须在干燥、通风的环境中制作。潮湿会破坏电子设备的绝缘层，导致电子设备表面的防护层迅速老化，从而降低电子设备的耐用性。

注：LED 显示屏还需要植入配套软件与图文、视频信息，形成独立且完善的模型拓展媒介。

（a）科技馆模型中的 LED 显示屏

注：安装电子设备时要考虑好散热问题，封闭空间中的展示陈列模型需要进行防火与防锈处理。

（b）钢铁博物馆中的建筑内景模型

图 1-19　建筑模型中的电子设备

第四节
建筑模型设计方法

建筑模型设计需要通过图纸表现出来，在绘制图纸时要处理好现实与虚拟之间的空间关系和尺寸关系。

一、初步设计与图纸缩样

1. 初步设计

建筑模型的初步设计是指设计方案初始阶段的构思设计，这一阶段的主要目标是结合基地环境、建筑艺术要求、现有技术条件、经济条件等，编撰出设计任务书并完成概念设计方案，初步设计阶段的建筑模型要能够合理安排建筑与空间的组合关系（图1-20）。

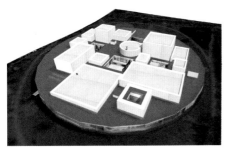
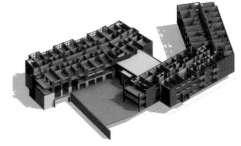

（a）外部形体建筑模型　　　　　　　　　　　　　（b）内部构造建筑模型
图1-20　初步设计建筑模型
注：通过计算机三维软件模拟出模型形体，能使设计者进一步熟悉建筑模型的构造。

建筑模型的初步设计主要包含以下几个部分：

（1）设计任务书。表述建筑位置、规模、层数、朝向、设计标高、道路情况、绿化布置、经济技术指标等，设计任务书能够为实体建筑的建设提供比较科学的参考依据。

（2）初步设计图纸。包括建筑的平面图、立面图、剖面图等，图纸应选择合适的比例，明确标注建筑的总规格、层高、进深、开间等重要信息。

（3）材料、设备详情表。列出制作建筑模型时所用到的全部材料和设备，并标明材料的规格、质地、裁剪方式、使用年限等。

（4）设计预算。制作建筑模型之前应当预测模型制作的成本与费用。

2. 图纸缩样

建筑模型有不同的缩放比例，在绘制设计图纸时，应当根据建筑模型的用途来确定模型的比例。

大部分建筑模型与实际建筑的比例为1：50、1：200、1：1 000等。房地产展示模型会选用1：100、1：200的比例；建筑方案模型会选用1：300的比例；规划模型会选用1：1 000、1：3 000的比例。其中群体建筑与单体建筑选用的比例也会不同，制作三维模型时要注意选择合适的比例，以满足后期3D打印的需要（图1-21、表1-1）。

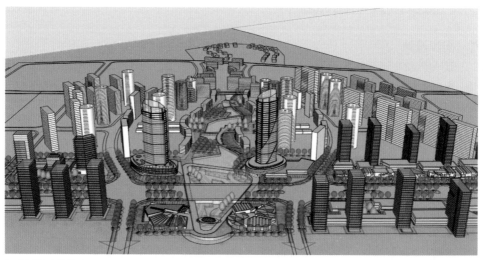

（a）群体建筑模型1：1000

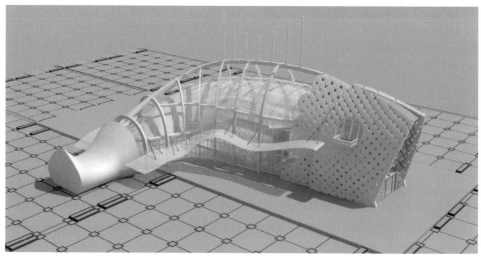

（b）单体建筑模型1：200

图1-21　按比例制作建筑模型

注：在选择建筑模型的比例时，除考虑不同用途的建筑模型与实际建筑之间的比例关系，还需考虑建筑模型设计图纸中建筑与周边配景之间的比例关系。

表 1-1 建筑模型比例与细节制作程度

比例	适用模型	细节制作程度
1：5 000 以上	城市、区域规划模型	主体建筑为较小体块造型，道路清晰，色彩分明，有灯光指引
1：3 000	小区、街道规划模型	主体建筑为较大体块造型，道路清晰，色彩分明，建筑内部有灯光指引
1：1 000	大型工业建筑、建筑场景模型	主体建筑能表现部分构造，道路与绿化都有所表现，色彩分明，部分发光
1：500	商业、文化、景观建筑模型	主体建筑能表现门窗造型，建筑室内透光，有照明，道路与绿化细节塑造完整，色彩细节清晰
1：200	住宅小区建筑模型	主体建筑深入表现门窗造型，建筑室内透光，有照明，道路与绿化有照明，细节塑造完整，色彩层次丰富
1：100	独栋建筑、庭院景观建筑模型	主要建筑采用解剖状展示部分室内场景，区分不同墙体厚度，建筑室内透光，有照明，绿化植物形态多样，配置部分家具、设施等
1：50	公共建筑室内模型	主要建筑采用解剖状展示全部室内场景，区分不同墙体厚度，局部墙体半高与透明，建筑室内全照明，购置部分成品绿化植物与家具，造型丰富多样，色调统一，层次丰富
1：20	住宅建筑室内模型	主要建筑采用解剖状展示全部室内场景，区分不同墙体厚度，局部墙体半高与透明，建筑室内全照明，购置全部成品绿化植物与家具，造型丰富多样，色调统一，层次丰富
1：2 或 1：1	建筑构造与局部细节模型	据实制作各种建筑构造细节

二、草图绘制

草图能够简洁地向公众阐述建筑模型的设计思想，它具有比较强的可变性，同时也能赋予建筑模型更多的可能性。它既能快速记录设计灵感，又能作为后期详细图纸的绘制依据（图1-22）。

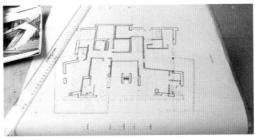

（a）尺规制图 （b）CAD制图

图 1-22 建筑模型草图绘制

注：绘制草图要能够从宏观上考虑建筑模型的设计思想，确定主要建筑与次要建筑之间的比例关系，主要建筑与周边地理环境之间的比例关系，以及不同规格的次要建筑之间的比例关系等。

三、计算机图纸绘制

    建筑模型图纸绘制分为三维空间透视图与模型施工图两部分。三维空间透视图多采用 SketchUp 或 3D Max 软件制作，目的在于建立正确的空间形态，帮助制作者理清模型的空间关系，可以采用分解、"爆炸"的形式表现（图 1-23）。

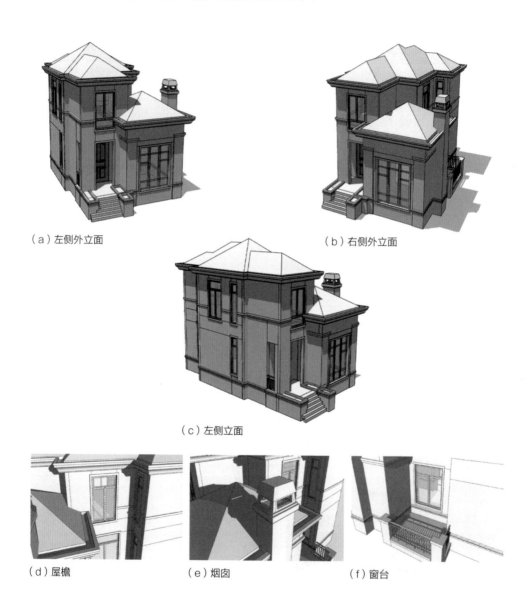

（a）左侧外立面   （b）右侧外立面

（c）左侧立面

（d）屋檐   （e）烟囱   （f）窗台

图 1-23 三维空间透视图

注：该建筑模型采用 SketchUp 软件制作，能从多个角度观察到建筑结构的细节与风格特色，为后面绘制 CAD 图奠定基础。

模型施工图多使用 AutoCAD 或其他绘图软件绘制。图纸要经过多次审核，确认无误后便可导入雕刻机进行模型的雕刻（图 1-24）。

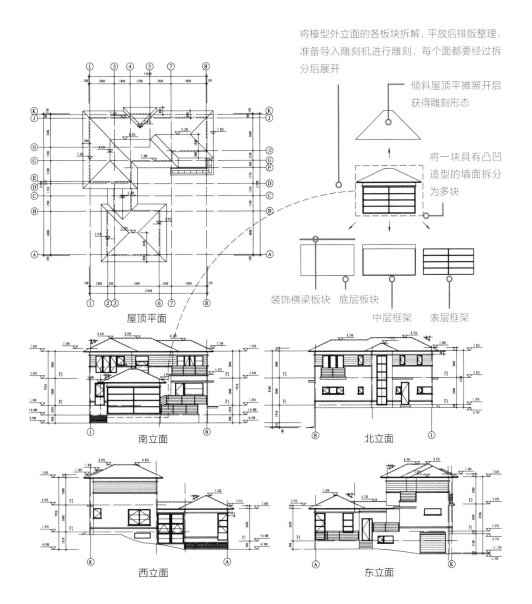

将模型外立面的各板块拆解，平放后排版整理，准备导入雕刻机进行雕刻，每个面都要经过拆分后展开

倾斜屋顶平摊展开后获得雕刻形态

将一块具有凸凹造型的墙面拆分为多块

装饰横梁板块　　底层板块

中层框架　　表层框架

屋顶平面

南立面　　　　　　北立面

西立面　　　　　　东立面

图 1-24　模型施工图

注：用于雕刻的建筑模型施工图需要具备准确性，图纸要能够准确反映出模型中各元素的形状、大小以及与周边元素的比例关系。绘制要在规定时间内完成，将建筑模型内容完整地表现出来，图纸上各元素的绘制均需符合标准，尺寸、大小、比例等都要没有任何差错。

在正式制作模型之前或之后，部分模型投资商还会要求制作模型效果图，其光影表现与材质质感都要求达到商业展示效果（图1-25、图1-26）。

图1-25　模型效果图

注：将建筑模型经过软件渲染输出为效果图后，还需要采用Photoshop进行深化处理，以达到逼真的视觉效果。在展示建筑模型的同时，实景展示的形式提升了建筑设计方案的通识性与说服力。

图1-26　根据图纸一次性雕刻出模型构件

注：绘制雕刻用模型施工图要满足编程的要求，给雕刻机的刀具提供合适的切割路径与加工空间，在绘制时要确保图纸上的图形均能形成一个闭合区域，这样能够减少雕刻机的数据处理量，雕刻出来的图形也能更完整、更准确。

四、拼装图纸与说明

建筑模型拼装图纸分模型整体图和模型拼装分步图，图纸上配有拼装步骤以及拼装时的注意事项，详细说明了不同结构之间应当如何连接，包括连接时所使用的胶黏剂品种等（图1-27）。

（a）拼装模型与原始结构图

（b）模型拼装图纸与裁切模型材料

图1-27　建筑模型拼装与平面图纸

注：拼装图纸能够提高建筑模型制作的效率，具有一定的指导意义。模型整体图具有较强的立体效果与透视关系，能很好地展示出建筑模型的材质、色彩、空间结构以及空间比例等特点。模型拼装分步图逻辑严谨，每一个拼装步骤都具有较强的指向性，且建筑模型结构之间的接合关系也都绘制得十分清晰。

第五节
建筑模型制作流程

　　建筑模型制作和产品制造一样都需要遵从既定的流程，这种有序且有逻辑的制作流程能够有效地提高建筑模型制作的效率。

一、定稿与放样

　　定稿是指审核并确定建筑模型的设计图纸，这是建筑模型制作的第一步。主要审核的内容包括图纸中建筑结构的尺寸是否正确，建筑形态是否正确，建筑和周边配景的比例是否正确，建筑与建筑之间的相对位置是否正确，建筑与周边环境的相对位置是否正确等。放样是指根据设计图纸利用相关软件进行建筑模型的建立，在建立过程中要处理好建筑与建筑之间的透视关系，建筑与周边配景的透视关系，整体大环境的空间关系以及建筑之间的主次关系等（图1-28）。

ABS板中的弧形造型需要预先用记号笔
画线，再采用手持曲线锯切割成型

底盘为木芯板制作的井格状结构，具有较强的承重性

图1-28　图纸在板材上放样

二、材料选用与加工

放样完成即可开始模型制作，首先需要根据模型设计图纸选择合适的材料，例如建筑结构可以选用 ABS 板制作，建筑底盘可选用木质材料制作，建筑栏杆可选用金属材料制作等。然后选定加工工具，根据设计图纸裁切材料，将其加工成型（图 1-29）。

（a）机械雕刻　　　　　　　　　　　　　　（b）人工修正并组装

图 1-29　材料加工

注：图 1-29a：最直接的加工方式就是使用机械雕刻机对 ABS 板进行雕刻，效率很高。图 1-29b：裁切、加工成型时要注意模型零部件凹凸部位的细节处理，并保证加工后的零部件四边能处于平整的状态，触感平滑，表面不会有毛刺，且加工成型的模型零部件形态完整，没有残缺。对雕刻完成后的边角毛刺应当进行人工精修。

三、基础组装

建筑模型基础组装是指通过使用胶黏、焊接、榫卯等技术，将模型的各零部件接合在一起，组装模型各零部件时要确保模型边角的一致性（图 1-30）。

（a）多功能螺丝刀接合工具　（b）打磨模型零部件　（c）未裁剪的零部件　（d）拼接完成的零部件

图 1-30　模型局部组装

注：建筑模型组装之前需要对各零部件进行修整，可利用锉刀、笔刀、模型笔以及打磨砂纸等对其边角区域进行打磨和修饰。其中笔刀的笔头部位为刀片，有 45°角（用于切割模型不需要的边角）和 30°角（用于雕刻切割）两种；模型笔则可用于填补模型零部件的缺口，使模型更完整。建筑模型零部件修整完毕后，可以根据设计图纸进行组装，组装之前应当根据结构形态和功能区域对模型零部件进行分类。

ABS 板粘贴主要采用丙酮胶，粘贴后不会出现比较明显的胶痕。单体模型组装完毕后放置在地板上，审核无误后再进行喷漆着色。当然，也有部分纯白建筑模型用于建筑设计过程中的研究探索，当设计完成后还会另外制作全新的彩色模型用于展示（图1-31）。

图 1-31　模型组装完成（鑫名锐模型）

四、配景与修饰

配景与修饰是为了丰富建筑模型的内容，并在有限的空间内烘托建筑模型的环境氛围，使建筑模型更具真实感。常见的配景与修饰包括路边小树、路灯、水景、汽车、小雕塑、长椅等（图1-32）。

图1-32　建筑模型配景材料

1. 树木

建筑模型中的树木多会选择使用成品"干花树"，这种树木色彩丰富，规格较多，能满足不同比例的模型制作。也可使用铜线或其他金属丝制作出独具特色的景观树。

（a）成品绿植　　　　　　　　　　　　　　　（b）金属制成的树木

图1-33　成品景观树模型

注：现代建筑模型多采用购置成品树干，再自行黏合泡沫树粉的方式来制作树木。也可以采用金属丝自行制作树干，但会消耗较多人力，增加模型制作成本。建筑模型中的车辆大多为购置成品件，对于放大比例的建筑模型，还会购置高仿真玩具车模，这种方式成本较高，多用于地产商业建筑模型。

2. 水景

建筑模型中的水景制作多会选用蓝色或透明亚克力板，这种板材能够营造比较真实的水面效果。也可利用玻璃胶带或彩贴纸来表现流动的水。部分建筑模型中还会使用固体水制作水池，以这种材料构建的水景具有比较强的真实感（图1-34、图1-35）。

透明亚克力板的硬度与透光度都非常好，常用于制作大面积静态水池。当模型水面面积达到1 m² 以上时，再考虑采用钢化玻璃

底盘中的蓝色为成品亚克力板，具有一定反光性，配合上部聚碳酸酯（PC）耐力板或钢化玻璃能形成双层反光倒影效果

水面周边的灯安装在透明板材下部，使其从侧面发光

图1-34 建筑模型水景与灯光

健身房内各种器材无法购置成品，因此均采用ABS 板雕刻成板件后，再进行组装

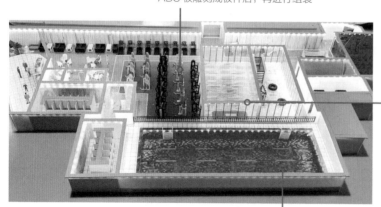

LED灯带安装在游泳池侧面

具有一定深度的游泳池内部用有图案的装饰贴纸覆盖，上表面覆盖一块透明亚克力板来表现反射与折射的光影

（a）鸟瞰全局

（b）结构局部　　　　　　　　　　　　　　　　（c）健身区

图1-35　健身房模型配景与修饰（宏图誉构模型）

★本章小结

　　建筑模型适用的范围比较广，日常所见的城市建设工程、房地产开发工程、建筑设计投标项目、商品房销售项目、大型展览展示等都会用到建筑模型，它能以立体且鲜明的形态来呈现建筑设计方案与空间效果，将建筑结构、功能布局、施工可行性等多种信息通俗而直观地展示在公众面前。

★课后练习

1. 简述建筑模型的概念和特征。

2. 分时期、分区域阐明建筑模型的发展历程。

3. 分点叙述建筑模型的具体分类及特点。

4. 建筑模型初步设计包含哪些内容？

5. 如何更好地运用建筑模型中的电子设备？

6. 建筑模型草图绘制需要注意哪些事项？

7. 雕刻建筑模型用的施工图纸有何绘制重点？

8. 建筑模型制作的具体流程有何要点？

2

第二章

建筑模型制作材料

重点概念： 纸、木材、塑料、金属、玻璃、电子设备、辅助材料

章节导读： 用于制作建筑模型的材料多种多样，不同材料具有不同的特性，加工制作方式也会有所不同。在制作建筑模型之前，要根据模型的使用环境、具体造型等因素选择合适的材料。目前，主要可以通过手工与机械（图2-1）两种方式加工制作建筑模型基本构件，这两种制作方式需要选择不同材料与加工设备，但相同的是，都能加强设计者与建筑模型之间的关联，最终都需要通过手工来组装。

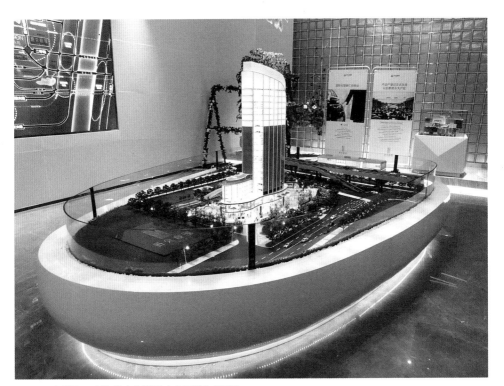

图2-1 机械加工制作的建筑模型（宏图誉构模型）
注：机械加工对建筑模型的细节具有很强的塑造能力，能深入表现建筑模型的细节造型，搭配灯光照明后，具有很强的对比效果。

第一节
纸质材料

纸质材料是模型制作中比较常见的材料，主要通过切、剪、雕、折等方法将建筑模型的具体形态呈现出来，可用于制作中小型建筑创意构思模型或课堂教学练习模型。

一、纸质材料特性

纸质材料因其外观不同，具有不同色度、平滑度、光洁度与厚度，又因机械性能不同，而具有不同的耐折性、耐破性、抗伸张性、抗撕裂性。

纸质材料的优势在于纹理、色彩非常丰富，厚度小，便于裁切。如果无法寻找到色彩、纹理合适的纸质材料，可以通过打印得到，再将打印稿贴覆在基层纸张或板材上（图2-2）。

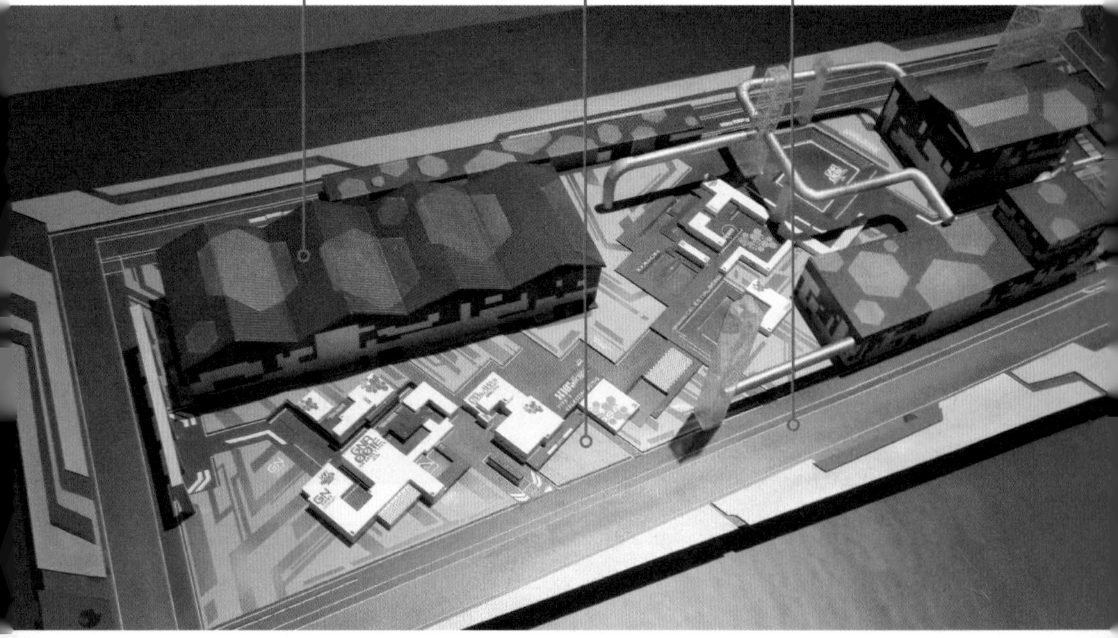

两种颜色的瓦楞纸覆盖在 PVC 板表面，用于制作屋顶

有色卡纸覆盖在 PVC 板表面，用于制作模型休闲区地面

激光打印纸图案覆盖在 PVC 板表面，用于制作道路

图2-2 以纸质材料为主的建筑模型（何秀峰、程乾）

建筑模型所使用的纸质材料品种更多，具有代表性的纸质材料有以下几种。

1. 瓦楞纸

瓦楞纸的生产材料为瓦楞原纸，可以分为单面瓦楞纸与双面瓦楞纸，自带纹理，可上色（图2-3）。

瓦楞纸主要用于屋顶，需要基层板材或厚纸板衬托，不能单独使用

图2-3　瓦楞纸制作屋顶（周芷媛）

2. 双面白纸泡沫胶

双面白纸泡沫胶不是纯纸质材料，它是纸与泡沫胶结合的新型材料（图2-4）。

双面白纸泡沫胶用于建筑构造之间的粘贴，但需要使用其他胶黏材料来辅助

图2-4　双面白纸泡沫胶制作模型

3. 背胶墙砖纸

背胶墙砖纸表面纹理与墙砖类似，但纹理的比例大小有所不同，是比较专业的纸质模型制作材料（图2-5）。

用于制作建筑外墙的板材在切割成型之前，就应当贴好背胶墙砖纸，让镂空造型一气呵成

图2-5　纸质材料应用：浅色背胶墙砖纸制作外墙

二、纸质材料对比

不同的纸质材料有着不同的特性，可以用于制作建筑模型的不同部位，具体可参考表2-1。

表2-1　纸质材料对比一览表

名称	图例	特性	用途	参考价格
卡纸		具有比较细腻、光滑的表面，纸质薄厚比较平均，耐折性较普通纸张好，可以轻易造型	可用于制作扶梯、栏杆、阳台以及基础骨架等部分，也可用于制作家具和小型桥梁	A3幅面厚1 mm，约2元/张；A3幅面厚1.5 mm，约3元/张；A3幅面厚2 mm，约4元/张
瓦楞纸		硬度与坚挺度较好，耐压性、耐破性与延伸性较好	可用于制作屋顶或特殊地面	A3幅面厚1.5 mm，约3元/张；A3幅面厚2 mm，约5元/张
激光喷铝纸		具有银白色光泽，表面色彩艳丽但不刺眼，能制造出炫丽的视觉效果	可用于制作特色外墙装饰	A3幅面，约3元/张
花纹纸		表面纹理丰富，能形成比较好的浮雕效果	可用于制作道路、墙面、绿地、花圃等	A3幅面80 g/m²，约1元/张；A3幅面120 g/m²，约2元/张；A3幅面180 g/m²，约3元/张
渐变色纸		表面色彩变化具有一定的秩序性与调和性	可用于制作复古墙面、地面，也可用于制作模型场景或背景	A3幅面80 g/m²，约3元/张
刚古纸		韧性较强，表面顺滑但不反光，可自由卷曲、裁剪、粘贴，弹性较好，挺括、干燥	可用于制作较薄的外墙	A3幅面120 g/m²，约3元/张；A3幅面180 g/m²，约4元/张；A3幅面220 g/m²，约6元/张
双面白纸泡沫胶		结合了泡沫胶的优良性能，质地比较坚硬	可用于外墙或其他模型构件之间的粘接	宽15 mm，3～4元/卷；宽25 mm，4～5元/卷
背胶墙砖纸		表面纹理丰富（如瓦纹、石材纹等），能塑造出真实的纹理效果	可用于装饰，粘贴在墙面或地面板材表面，凸显真实材料质感	A4幅面，8～10元/张

名称	图例	特性	用途	参考价格
植绒纸		表面色泽艳丽，质地柔软，可自由裁剪，弹性好	可用于制作球场、草坪、地毯等	A3 幅面，3 ~ 4 元 / 张
砂纸		表面磨砂感较强，色彩稳重敦厚	可用于制作沙滩、道路等，也可在砂纸表面刻字，用于建筑模型底盘标识与装饰	500 号以下，1 元 / 张；500 ~ 2000 号，2 元 / 张；2000 号以上，3 元 / 张
罗莎纸		具有比较好的韧性与透气性，表面比较光滑，色彩丰富	用于制作复古外墙装饰	A3 幅面，6 ~ 8 元 / 张
彩砂纸		不会轻易被水打湿，表面色彩丰富，轻易不起毛，纸张强度较好	用于表现混凝土或粗糙砂岩墙面，真实感较强	A3 幅面，8 ~ 10 元 / 张
棉纸		色彩丰富，质地柔软，纸张表面具有细微凹凸纹理，触感较好	用于表现纤维肌理效果	A3 幅面，1 ~ 2 元 / 张
吹塑纸		质地较软，加工比较方便，色彩丰富	用于建筑模型的构思与推敲	A3 幅面，2 ~ 3 元 / 张

第二节
木质材料

　　木质材料也是一种常用的模型制作材料。木质材料不仅加工方便，还相对便宜，而且木材的纹理能带来复古的装饰效果（图2-6）。

松木板质地较轻，可用于复杂多变的建筑造型

机械切割后边缘为褐色

板材采用插接构造

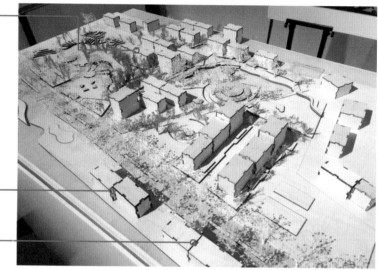

（a）幸福·居（李姗姗）

榉木板质地较软，价格较高

手工切割后边缘为原木色

地面选用棕黄色花纹纸铺装，衬托浅色木纹

（b）聚（王婧雯）

图2-6　木质材料应用

一、木质材料特性

木质材料是制作建筑模型的基础材料，不同体量的建筑模型要选择不同规格的木质材料。

大规格木质材料可从当地建材市场购入，小规格木质材料可到专业模型材料商店选购。木质材料以板状、条状居多，不同的规格会有细微差别。制作模型时，要根据设计图纸对木质材料进行切割。

优质木质材料的纹理独特，质地较轻，加工方便，能够轻易着色，但是不具备良好的防火性，且易受虫害，因此在制作过程中要对其进行必要的防虫、防火处理。

具有代表性的木质材料主要有以下几种。

1. 硬木板

硬木板是使用木材废料加工成的热压型板材，板面宽度大，加工方便，在硬木板表面还可以覆盖装饰贴纸或装饰面板（图2-7a）。

2. 微薄木板

微薄木板是木质纹理丰富的薄型贴面材料，厚度为0.5 ~ 2 mm，纹理清晰，装饰效果好（图2-7b）。

3. 人造木工板

人造木工板是一种木质人造复合板，具体可分为实心板、空心板、胶拼板、三层板与细木板、五层板、多层板等（图2-7c）。

硬木板厚度较大，经过切割后可以直接用于模型结构制作

微薄木板可以直接用于小体量模型制作，无须基层板支撑

人造木工板裁切比较困难，适用于简单的模型构造塑形

（a）硬木板（周亚飞）　　（b）微薄木板（刘萌）　　　　　（c）细木工板（赵爽等）

图2-7　木质材料特性

二、木质材料对比

不同木质材料的特性及用途见表 2-2。

表 2-2　木质材料对比一览表

名称	图例	特性	用途	参考价格
硬木板		表面平整，隔热性与隔声性不错，但易受潮，易变形，握钉力相对较差	用于制作基础支撑结构	厚 3 mm，约 15 元 /m²；厚 5 mm，约 26 元 /m²；厚 8 mm，约 45 元 /m²
软木板		加工便利，无毒，无噪声，质感强	用于制作概念模型的地形，或表现模型中的木材肌理	厚 2 mm，约 18 元 /m²；厚 3 mm，约 28 元 /m²；厚 5 mm，约 50 元 /m²
轻木		质地细腻，不会轻易断裂，强度与耐水性不错	用于制作复杂的造型	厚 3 mm，约 22 元 /m²；厚 5 mm，约 38 元 /m²；厚 8 mm，约 62 元 /m²
微薄木板		表面纹理丰富，板面可着色，触感平滑，板材厚度均匀，无虫蛀	用于制作面层处理部分	厚 1 mm，约 16 元 /m²；厚 1.5 mm，约 25 元 /m²；厚 2 mm，约 33 元 /m²
丝柏木条		木条表面平整，可着色	用于制作杆、柱、梁架结构	5 mm×5 mm，约 2 元 /m；8 mm×8 mm，约 6 元 /m；10 mm×10 mm，约 8 元 /m
人造木工板		表面平整，承载力强，耐磨性与耐水性好，不易开裂，耐热性良好	用于制作底盘与模型展台，也可用于制作模型中的地形构造	厚 15 mm，约 60 元 /m²；厚 18 mm，约 80 元 /m²

名称	图例	特性	用途	参考价格
纤维板		质地比较均匀，不易开裂，容易受潮弯曲变形	用于制作底盘的平面构造，辅助制作模型展台	厚 10 mm，约 30 元 /m²；厚 12 mm，约 45 元 /m²；厚 15 mm，约 50 元 /m²
贴面板		装饰性、耐磨性、耐热性、耐水性都不错，板面触感光滑，表面色彩纹理丰富	用于制作模型贴面装饰	厚 2 mm，约 22 元 /m²；厚 3 mm，约 35 元 /m²
装饰板材		品种较多，纹理丰富，可赋予建筑模型金属、塑料、纺织物、石材、瓷砖等多种装饰效果，板面坚硬，耐火性、耐热性、耐磨性良好	用于制作模型贴面装饰	厚 1 mm，约 22 元 /m²；厚 1.5 mm，约 35 元 /m²；厚 2 mm，约 45 元 /m²

补充要点

天然木质材料

　　天然木质材料具有比较美观的纹理，质地较轻，强度、弹性、韧性、抗冲击力、抗震动力等较好，还具有良好的吸声和绝缘能力，优质的视觉效果和触感。

第三节
塑料材料

塑料材料的主要原料为合成树脂，大部分塑料材料都具有较好的透明性、绝缘性与着色性，且成本较低。

一、塑料材料特性

1. ABS 塑料

ABS 塑料质地比较细腻，可细分为板材、管材与棒材（图2-8a）。板材厚度为0.5 ～ 5 mm，管材孔径为2 ～ 10 mm，棒材直径为1 ～ 15 mm。

2. 亚克力

亚克力又称为有机玻璃，可细分为板材、棒材、管材（图2-8b）。板材厚度为0.5 ～ 20 mm，棒材直径为1 ～ 100 mm，管材孔径为2 ～ 100 mm。

用 ABS 板制作建筑
墙体与顶棚

弧形等特殊造型需要
用雕刻机加工

厚度为2 mm 以下的亚克力板可
以手工裁切，多用于透光构造

（a）ABS 板应用（董子菲）　　　　　　　　　　（b）亚克力板应用（陈雯、沈欢）

图2-8　塑料材料应用

二、塑料板材对比

不同塑料板材的特性及用途见表 2-3。

表 2-3　塑料板材对比一览表

名称	图例	特性	用途	参考价格
ABS 板		综合性能较好，硬度与密度适合使用雕刻机，使用安全，但易燃烧	用于制作单体模型中的墙板、顶棚等复杂构件，雕刻成型	厚 2 mm，约 20 元 /m²；厚 3 mm，约 30 元 /m²；厚 5 mm，约 50 元 /m²
PVC 塑料		表面光洁，外观平整，耐老化，易粘贴，便于手工裁切	用于制作墙体、墙面、楼板、水管、地板等部件	厚 4 mm，约 25 元 /m²；厚 6 mm，约 40 元 /m²；厚 8 mm，约 55 元 /m²
PP 塑料		质地细腻，成本较低，着色性良好、易于加工，但不耐磨，易老化	用于制作大面积模型底盘	厚 2 mm，约 18 元 /m²；厚 3 mm，约 28 元 /m²；厚 5 mm，约 48 元 /m²
泡沫塑料		弹性与收缩性较好，容易加工，价格低廉	用于制作树粉、草粉，用于模型内部填充和支撑	厚 25 mm，约 16 元 /m²；厚 50 mm，约 35 元 /m²；厚 80 mm，约 65 元 /m²
亚克力		质地细腻，挺括性、着色性、热塑性、抗拉性、抗冲击性良好，透明度高，但不耐老化，表面易磨损	用于制作模型外罩、模型骨架、玻璃门窗、玻璃幕墙、装饰雕塑等多种构造	厚 2 mm，约 22 元 /m²；厚 5 mm，约 55 元 /m²；厚 9 mm，约 110 元 /m²

第四节
金属材料

金属材料具有良好的韧性、导热性、导电性、防水性与防腐性，质地比较坚硬，有热加工与冷加工两种加工方式。在制作建筑模型时，需要使用专业工具进行切割、整形。

一、金属材料特性

1. 铁丝

铁丝是用铁拉制而成的金属丝、杆状材料。粗细不同、含有金属元素不同的铁丝，适用于不同的模型部位，常用铁丝规格为 $\phi 1 \sim \phi 4\,mm$，方便手工工具加工（图2-9a）。

2. 金属型材

金属型材主要包括不锈钢型材、镀锌钢型材及其他合金型材（图2-9b）。

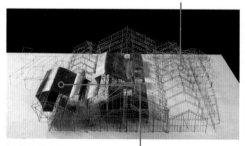

$\phi 2\,mm$ 铁丝采用钳子等手工工具加工

（a）铁丝应用

铁丝框架需要配合板材围合表现模型的构造特色

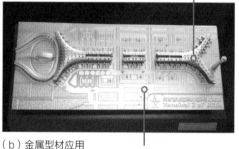

主体为弧形的构造多采用亚克力浇筑成型，喷涂金属色漆

（b）金属型材应用

不锈钢板上雕刻图案表现停机坪布局

图2-7 金属材料应用

二、金属材料对比

不同金属材料的特性及用途见表2-4。

表2-4　金属材料对比一览表

名称	图例	特性	用途	参考价格
铁丝		价格低廉，造型自由，加工比较方便	用于制作树木枝干、栏杆扶手，或用于编制建筑结构骨架	$\phi 1\,mm$，约0.3元/m；$\phi 2\,mm$，约1元/m；$\phi 4\,mm$，约4元/m

名称	图例	特性	用途	参考价格
镀锌钢板		价格低廉，抗腐蚀性良好，不会轻易生锈	用于表现材料的金属质感，也可喷漆后作贴面装饰	厚 0.6 mm，约 25 元 /m²；厚 0.8 mm，约 35 元 /m²；厚 1.0 mm，约 42 元 /m²
铝合金板		材质较轻，防水性、抗腐蚀性、防污性、耐用性良好，加工较方便，但抗压能力较差	用于制作支撑结构、建筑物模型外观、底盘等部分	厚 0.6 mm，约 35 元 /m²；厚 0.8 mm，约 36 元 /m²；厚 1.0 mm，约 45 元 /m²
不锈钢板		表面光洁，不生锈，抗压强度高，质地均匀，但加工不便，价格高	用于雕刻装饰图形或图案，装饰建筑模型局部构造，表现材质特异的部位	厚 0.6 mm，约 80 元 /m²；厚 0.8 mm，约 120 元 /m²；厚 1.0 mm，约 160 元 /m²
金属网格		具有较好的抗腐蚀性，加工比较方便	用于制作支撑结构、模型外观以及底盘等部分	ϕ1@20 mm，约 8 元 /m²；ϕ2@25 mm，约 15 元 /m²；ϕ3@30 mm，约 38 元 /m²
金属棒		具有比较好的耐腐蚀性和抗压性，但目前用于建筑模型的频率不高	用于制作楼梯扶手，也可用于表现金属质感	ϕ3 mm，约 6 元 /m；ϕ5 mm，约 10 元 /m；ϕ8 mm，约 16 元 /m
不锈钢管		具有良好的抗腐蚀性、机械强度和延伸性	用于制作支撑结构、底盘等部分	ϕ10 mm，约 15 元 /m；ϕ15 mm，约 20 元 /m；ϕ25 mm，约 30 元 /m
镀锌钢管		抗腐蚀性较好，使用寿命较长，价格比较适中	用于制作支撑结构、底盘等部分	ϕ35 mm，约 15 元 /m；ϕ50 mm，约 25 元 /m；ϕ70 mm，约 35 元 /m
合金管		具有良好的防水性、防污性及抗腐蚀性，机械强度和耐用性都很不错	用于制作支撑结构、底盘等部分	ϕ35 mm，约 30 元 /m；ϕ50 mm，约 45 元 /m；ϕ70 mm，约 55 元 /m

补充要点

沙盘

沙盘是根据现有的航空拍摄资料、地形图以及实地地形等信息，按照一定比例，使用草粉、泥砂等材料制作的模型。由于沙盘中承载的制作材料较多，自重较大，一般选用金属材料作为底盘，如 2 mm 厚的镀锌钢板或不锈钢板。

第五节
玻璃材料

玻璃自带美感，其具有的透明性与透光性能营造出良好的视觉效果。且玻璃自带色彩，能够满足不同的色彩需求（图2-10）。

一、玻璃材料特性

玻璃并不常用于建筑模型制作，而是多用于制作建筑模型的外罩。模型外罩通常采用的钢化玻璃厚度在8 mm以上，对于超大面积的商业展示模型，会采用弧形钢化玻璃或夹层钢化玻璃。8 mm厚钢化玻璃价格为100 ~ 120元/m²。

二、石英玻璃

石英玻璃的原材料为天然石英，它具有比较好的抗震性，耐热性也十分不错。石英玻璃的热膨胀系数比较低，化学稳定性和绝缘性都较好，它所具备的透光性和光谱透射性能都要高于普通的玻璃制品。石英玻璃可塑性较高，可用于制作建筑模型的外罩（图2-11）。

彩色玻璃是在普通玻璃的基础上加入了不同的金属元素，使其呈现出不同色彩

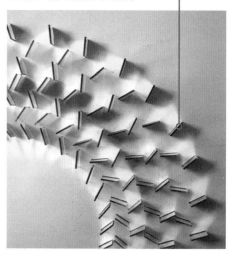

图2-10 彩色玻璃

弧形石英玻璃外罩采用钢化加工，边缘进行倒角处理，强度高

玻璃长度大多不超过2400 mm，需要用连接件辅助固定

图2-11 弧形石英玻璃外罩

第六节
电子设备材料

电子设备材料是完善建筑模型必不可少的，同时也能让建筑模型呈现出丰富的视觉效果。

一、照明灯具

灯光照明设备能够增强建筑模型的视觉美感，灯光色彩不同，所营造出的氛围与视觉效果也会有所不同。不同颜色的灯光经反射或折射后能形成极具错位感的凹凸效果，这也能使建筑模型更具真实性。

现代照明的发光体均为LED灯（图2-12），LED灯又名发光二极管，灯光色彩丰富，使用寿命长，安全性能高，抗震性较好。LED灯常用于建筑模型中的基础照明。建筑模型主要有三种照明方式，即自发光照明、透射光照明、环境光照明（图2-13）。

LED灯适用于独立路灯装饰照明　　　　LED灯带适用于建筑内　　　　LED灯串适用于自由形体建
　　　　　　　　　　　　　　　　　部、水池景观边缘照明　　　　筑模型构造中的点缀照明

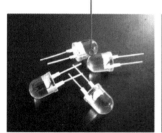

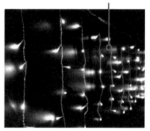

（a）LED发光二极管　　　（b）LED灯带　　　　　（c）LED灯串
图2-12　LED灯

（a）自发光照明　　　　　（b）透射光照明　　　　（c）环境光照明
图2-13　建筑模型照明

注：图2-13a：建筑模型内部自发光照明的前提是周边环境灯光较弱，或展厅中无其他外界环境光照明。图2-13b：透射光需要建筑模型上的透视光孔呈现出多种形态，如不同且多样的门窗形态、建筑结构形态等，光线通过这些形态呈现出各异的造型。图2-13c：当建筑模型自身构造简单，且照明单一时，可以从外部投射灯光到模型上，强化建筑模型结构。

二、显示屏

在建筑模型中，小型显示屏（图2-14）多采用液晶显示器，幅面对角线多为2.03 m（80英寸）以下。LED显示屏的幅面可以无限大，它由一定数量的LED模块面板组成，是可用于展示文字、视频以及图片等信息的电子设备。建筑模型中的LED显示屏多用于展示与该建筑模型相关的信息，如周边交通情况、地理环境信息、相关人文信息等（图2-15）。

图 2-14　小型显示屏
注：显示屏与建筑模型的关系可以紧密，也可以疏远，显示屏外接计算机主机，展示多媒体互动信息。

图 2-15　LED 显示屏
注：LED显示屏面积更大，可以根据建筑模型的体量设计，通常LED显示屏的宽度与建筑模型底盘宽度相当，辅助展示静态模型所不能传达的动态视频信息。LED显示屏的内部结构包括显示模块、控制系统、电源系统。显示模块利用LED灯的点阵结构来使显示屏发光，控制系统通过调控LED灯的亮灭情况来实现显示屏上内容的转换，电源系统通过对电流的合理转化来满足显示屏的各种需要。

三、开关与电动机

开关与电动机是建筑模型中必不可少的电子设备，适用于建筑模型的灯光、设备控制，能营造出独特且具有个性的模型展示效果。

1. 开关

开关是使电路呈现开路或闭路状态的电子元件。质量较好的开关具有比较长的使用寿命，能耗较少，稳定性、抗摔打性及抗冲击性都比较强。且一般用于建筑模型中的开关体型都较小，安装便捷，符合建筑模型的总比例要求（图2-16）。

按键开关构造简单，体积小，适用于多种建筑模型灯光控制

开关模式电源将外部输入的220 V交流电，转化为12 V左右的直流电，再输出给各照明灯具、电动机等用电设备。开关模式电源增加了外部接线端头，在转换输出电源的同时，还能控制开关

 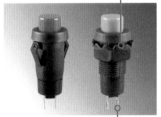

（a）开关模式电源　　　（b）按键开关　接线头较细，多用于12 V直流电控制

图2-16　建筑模型中的开关

2. 电动机

电动机又称马达。用于建筑模型中的电动机体型较小，使用的电压多为3 V或12 V。电动机能带动建筑模型中的水流、风力设备，使建筑模型更具魅力（图2-17、图2-18）。

电动机安装在模型中，被建筑构造遮挡

（a）电动机

图2-17　小型电动机

注：在大多数建筑模型中，采用玩具电动机即可，如果动力不足，可以增加电动机数量。

图2-18　真实水景建筑模型

注：在玻璃鱼缸中注入水，再将建筑模型底部垫高，形成真实的水景效果。为了进一步强化水景带来的视觉感受，可以在建筑模型中安装电动机，带动螺旋桨缓缓地搅动水体，形成动态效果。

第七节
其他辅助材料

辅助材料是指除主材之外的各种配件材料，材料品种多，能丰富建筑模型的表现形式。

一、各类胶黏剂

在制作建筑模型时用到的胶黏剂主要有502胶、白乳胶、双面胶带、喷胶、模型胶以及各种溶剂类胶黏剂（图2-19）。

（a）502胶

（b）白乳胶

（c）双面胶带

（d）喷胶

（e）模型胶

（f）环氧AB胶

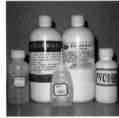
（g）PVC专用胶

（h）丙酮胶

图2-19　胶黏剂

注：绝大多数胶黏剂的胶黏原理可以分为物理胶黏与化学胶黏两种。物理胶黏是指胶黏剂自身的分子结构收缩，牢牢抓紧被胶黏材料，与其紧密连接在一起，如502胶、喷胶、模型胶，主要用于胶黏质地较轻的模型材料。化学胶黏是指胶黏剂能腐蚀被胶黏材料，打破被胶黏材料的分子结构，将分子结构重新排序，使两种材料、结构能紧密连接在一起，如白乳胶、双面胶带、环氧AB胶、PVC专用胶、丙酮胶，主要用于胶黏质地较厚重的模型材料。

1. 502胶

502胶干固速度快，可用于黏结各类塑料材料，但不适合木质材料和纸质材料。这类胶水黏性极强，且对皮肤伤害较大，在使用时要注意安全。

2. 白乳胶

白乳胶干固速度较慢，比较适用于黏结木质材料、墙纸、沙盘草坪等部分。

3. 双面胶带

双面胶带使用方便，黏性较强，适用于黏结大面积平面纸质材料。

4. 喷胶

喷胶适用于纸张、贴面板、软木、毛毡等材料的黏结，黏性适中。

5. 模型胶

模型胶适用于黏结各类塑料材质与纸质材料，干固较快，且黏结后没有明显痕迹。

不同胶黏剂的适用范围可参考表 2-5。

表 2-5　胶黏剂适用性一览表

材质种类	502 胶	白乳胶	双面胶带	喷胶	模型胶	环氧AB 胶	PVC专用胶	丙酮胶	热熔胶
PS	○	—	○	—	○	—	○	○	○
PVC	○	—	○	○	○	○	○	○	○
PC	○	—	○	○	○	○	○	○	○
ABS 塑料	○	—	○	○	○	○	○	○	○
有机玻璃	○	—	○	○	○	○	○	○	○
其他塑料	○	—	○	○	○	○	○	○	○
纸	—	○	○	○	○	○	—	○	○
木材	—	○	—	○	○	○	—	—	○
金属	○	—	—	—	○	○	—	—	○
石头	○	—	—	—	○	○	○	—	○
油漆饰面	—	—	○	—	—	—	—	—	○

注：可用：○。不可用：—。

二、添景材料

添景材料大多为采购的成品材料，能提升或补充建筑模型的细节构造。制作建筑模型时会使用到的添景材料，具体可参考表 2-6。

表 2-6　添景材料一览表

名称	图例	特性	用途	参考价格
发泡海绵		可分为粗发泡、中发泡、细发泡等，质地柔软，弹性十足，孔隙与蓬松度根据孔洞大小而不同，可塑性较强，成本较低	粗发泡海绵用于制作建筑模型中的树叶模型；细发泡海绵用于制作建筑模型中的草坪	厚 20 mm，30 元 /m²；厚 30 mm，45 元 /m²；厚 50 mm，75 元 /m²
成品树		采用塑料材料制作而成，色彩丰富，能够赋予建筑模型丰富的视觉效果	用于建筑模型绿化布置、点缀	高 60 mm，3 ~ 5 元 / 棵；高 100 mm，5 ~ 8 元 / 棵；高 150 mm，8 ~ 15 元 / 棵
草粉		草粉触感细腻，自身色彩比较多，能为建筑模型营造出不同绿化效果	纤维状草粉用于制作草地表层；颗粒状草粉质感粗糙，用于制作草地基层	500 g 包装，10 ~ 15 元 / 袋
仿真草皮		真实感比较强，质感较好，触感舒适，加工安装简单	用于制作建筑模型中的绿地，可直接粘贴使用	A3 幅面，6 ~ 8 元 / 张
石头颗粒		石质或塑料材料制成，色彩丰富，能赋予建筑模型更多的真实感，使用方便	用于制作建筑模型中的石头路面、台阶以及墙体装饰等	500 g 包装，15 ~ 25 元 / 袋

补充要点

标准成品材料

（1）基本型材。用于制作建筑模型中的主体结构，主要包括圆棒、半圆棒、角棒、墙纸、圆管、屋面瓦片等材料。

（2）成品型材。用于制作建筑模型中的环境部分，或部分内部区域，主要包括家具、厨具、卫生洁具、围栏、标志、汽车、路灯、人物等成品模型。

所有材料比例应当统一，应当与建筑模型整体相协调，材料的质感、色彩等也都要能与建筑模型整体相搭配。

三、装饰材料

装饰材料主要用于制作建筑模型外在辅助装饰。制作建筑模型时会使用到的装饰材料，具体可参考表2-7。

表2-7　装饰材料一览表

名称	图例	特性	用途	参考价格
汽车用贴膜		透光效果较好，部分能反光，具有多种色彩，加工简单，使用比较灵活	多与透明玻璃配合，模拟出彩色玻璃效果	30～45元/m²
即时贴纸		色彩品种丰富，价格低，裁剪方便，但黏结耐久度不够强	用于制作建筑模型中的道路、道路分界线、水面、绿化、建筑构造的细节，也可用于在模型远景中模拟磨砂玻璃	5～6元/m²
窗贴		色彩、纹理丰富，价格低廉，裁剪方便	用于制作建筑模型窗户	10～15元/m²
专用墙地贴纸		品种、规格、纹理丰富，裁剪方便，价格较高，可以自行绘图打印	用于建筑模型中的室内外近景构造的表面装饰	A4幅面，8～10元/张

四、涂饰材料

涂饰材料主要指各类水性、油性、混合溶剂性的液态结膜材料，建筑模型中的涂饰材料主要包括颜料、涂料、腻子。各涂饰材料适用性见表 2-8。

表 2-8　涂料适用性一览表

被涂材料	涂料品种							
	颜料				涂料		腻子	
	水彩颜料	水粉颜料	丙烯颜料	马克笔	乳胶漆	自动喷漆	腻子粉	原子灰
PS	—	—	—	—	○	○	—	○
PVC	—	○	○	○	○	○	○	○
PC	—	—	—	—	○	○	—	○
ABS	—	—	○	—	○	○	○	○
有机玻璃	—	—	—	—	—	○	—	○
玻璃	—	—	—	—	—	○	—	○
其他塑料	—	—	○	—	○	○	○	○
纸	○	○	○	○	○	○	○	○
木材	○	○	○	○	○	○	○	○
金属	—	—	○	—	—	○	—	○
石头	○	○	○	—	○	○	—	○
皮革	—	—	○	—	—	○	—	○
布料	○	—	—	○	—	○	—	○

注：可用：○。不可用：—。

1. 颜料

颜料能使纤维具有一定色泽，能增强纤维的坚牢度，优质颜料覆于建筑模型表面后，不会出现褪色现象。在制作建筑模型时，多会使用水彩、水粉、丙烯等绘画颜料（图2-20）来为草地、花卉等绿化植物染色，操作简单，色彩丰富，且价格比较低廉。

（a）水彩颜料　　　　（b）水粉颜料　　　　（c）丙烯颜料　　　　（d）马克笔

图2-20　颜料

注：图2-20a：加水调和后形成比较稀的液态颜料，刷涂或喷涂到草坪等粗糙材料表面，形成平和的色彩效果。图2-20b：加水调和后形成黏稠度比较适中的半液态颜料，具有一定遮盖力，刷涂或喷涂到平整或粗糙材料表面，形成比较鲜艳的色彩效果。图2-20c：加水调和后形成黏稠的半液态颜料，具有较强遮盖力，刷涂或喷涂到平整材料表面，形成鲜艳绚丽的色彩效果。图2-20d：马克笔可以直接涂绘在纸质或平整浅色板面上，无遮盖力，色彩丰富多样。

2. 涂料

建筑模型中的涂料是指乳胶漆或自动喷漆，能起到保护与修饰建筑模型的作用。涂料品种繁多，色彩丰富，使用方式较多，使用时可根据涂抹面积的不同选择不同的涂刷方式（图2-21）。

（a）乳胶漆　　　　　　　　　　　　（b）自动喷漆

图2-21　涂料

注：图2-21a：乳胶漆主要用于装饰装修工程，也可以用于大面积建筑模型中相对平整的界面上，价格低廉，具有遮盖力。图2-21b：直接喷涂到各种塑料、金属、木质材料界面上，容易开裂、褪色，要求喷涂基层干净整洁，价格较高。

3. 腻子

腻子是用于修补建筑模型外表面的材料，主要有腻子粉、成品腻子和原子灰，可以用水或釉调和（图2-22）。水性腻子干燥速度较快，但修补强度较低；油性腻子则干燥速度较慢，但具有比较强的附着力，且在干燥后具有比较强的修补能力。

（a）腻子粉　　　　　　　　（b）成品腻子　　　　　　　　（c）原子灰

图2-22　腻子

注：图2-22a：腻子粉主要用于装饰装修工程，加水调和即可，主要涂抹到建筑模型的大面积板材表面，形成平整的界面，具有一定黏结力，价格低。图2-22b：成品腻子是在腻子粉的基础上加水与颜料调和而成的，适用于建筑模型中木质材料的缺口、结疤的填补修饰。图2-22c：原子灰适用于金属、精细塑料结构的缺口、内凹部位的填补，干固后结膜强度高，与原始材料性能一致，价格高。

目前市场上能直接买到的腻子为成品腻子粉，这是一种将滑石粉、聚酯胶黏剂合成的粉末状成品材料，直接加水搅拌调和呈黏稠灰膏状物质，具体加水量多少根据气候环境和修补造型细节要求来设定。加水调和后，直至完全干固，时间一般为6~10小时，在此期间，可以反复多次对型材表面进行整形处理，制作出丰富的肌理质感（图2-23）。

（a）调和腻子粉　　　　　　（b）腻子粉涂抹　　　　　　　（c）腻子粉打磨

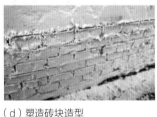

（d）塑造砖块造型　　　　　（e）制作完成

图2-23　涂料仿真建筑模型（郭英杰）

注：图2-23a：将腻子粉加水搅拌调和，尽量均匀无结块或粉团。图2-23b：将调和好的腻子膏涂抹到建筑模型表面，模型基础结构采用木板制作。图2-23c：在板材表面涂刷涂料能形成严密的覆盖效果，适用于具有复古效果的展示模型。可以刷涂和刮喷涂交替进行，先刷涂，覆盖大面积，再刮涂填补细微边角，最后采用砂纸打磨后，局部填补平整。图2-23d：采用美工刀或平口螺丝刀将砖块造型刮出凹槽，形成砖块形态。图2-23e：表面涂刷白色乳胶漆，并安装门窗等构件，完成模型。

第八节
建筑模型材料解析

    建筑模型材料的搭配与选用应当根据建筑模型创意设计来决定，在选材时要考虑整体风格，根据视觉审美与认知习惯来搭配。先确定主材，再搭配辅材，最后根据材料选用合适的胶黏剂与涂料。下面介绍几件具有代表性的建筑模型案例，并分析其材料的选用与搭配（图 2-24 ～图 2-28）。

ABS 板雕刻成型（含纹理雕刻与切割）

成品绿化树木

磨砂半透明亚克力板

草坪粉末

彩色即时贴纸道路地面

PVC 底盘

成品装饰纹理贴纸

图 2-24　商业房地产建筑模型局部
注：房地产建筑模型的受众群体是置业消费者，要提高模型的大众认知度，需要提高建筑模型的真实性，所有建筑构成应当按实际比例缩小。房地产建筑模型大量采用平整度高、外观挺括、色彩丰富的 ABS 板制作，搭配成品树木与纹理贴纸，材料成本较高，但是商业推广效果好。

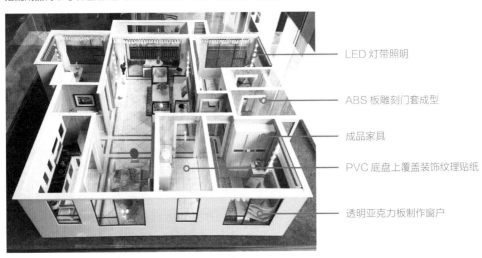

LED 灯带照明

ABS 板雕刻门套成型

成品家具

PVC 底盘上覆盖装饰纹理贴纸

透明亚克力板制作窗户

图 2-25　商业房地产建筑室内模型（宏图誉构模型）
注：房地产建筑室内模型是外部规划模型的拓展，需要真实表现室内空间布局。为了多角度全局展示，不安装室内房间门。房地产建筑室内模型主要展示室内空间的华丽质感，多采用固定比例的成品家具配件制作，成本较高。

成品装饰树 ————

由 2mm 厚的软木薄板雕刻成
型（含纹理雕刻与切割）————

底部用细木工板支撑 ————

图 2-26　毕业设计建筑模型局部（何慧敏、朱微）
注：毕业设计建筑模型主要研究设计对象的创意形式，强调空间分配与
整体规划，同时注重降低成本。因此大量选用软质薄木板，采用雕刻机
加工后进行粘贴组装，切割边缘存在碳化现象，有助于形成明暗对比效果。

草坪纸 ————

用彩色亚克力板雕刻 ————

PVC 底盘上喷绘打印水体表
面，覆盖透明亚克力板

用透明亚克力板雕刻 ————

成品绿化树木 ————

白色瓜米石 ————

图 2-27　住宅区建筑规划模型
注：住宅区建筑规划模型注重区域规划与空间分配，建筑体量小，强化
周边环境的多样化与生态化。选用不同颜色亚克力板雕刻建筑，加深公
众对片区的认知。

用实木杆、棒制作建筑骨架　　成品腻子造型构筑物与地面　　PVC 仿真纤维模拟茅草屋顶

图 2-28　博物馆建筑复原场景模型

注：博物馆建筑复原场景模型的表现意图在于说明历史事件，主要强化
模型的展陈环境，需要搭配人物雕塑来表现事件情节，建筑模型材料多样。

PVC 仿真绿化植物

亚克力翻模人物雕塑

★本章小结

　　选择合适的材料是制作优质建筑模型的第一步，不同材料具有不同特性，因而在建筑模型中充当的角色也会有所不同。在制作建筑模型之前，要从宏观与微观上对这些材料有所了解，能熟练运用这些材料，并使这些材料能各司其职，共同创造出具有设计意义的建筑模型。

★课后练习

1. 简述用于制作建筑模型的纸质材料的特性和类别。

2. 简述玻璃的特性。

3. 列表说明用于制作建筑模型的纸质材料的特点。

4. 用于制作建筑模型的木质材料主要有哪几种？

5. 列表说明用于制作建筑模型的木质材料的特点。

6. 用于制作建筑模型的塑料材料主要有哪几种？

7. 列表说明用于制作建筑模型的塑料材料的特点。

8. 哪些金属材料和电子设备材料可用于制作建筑模型？

9. 制作建筑模型时会用到哪些添景材料和装饰材料？

10. 建筑模型常用的涂饰材料有哪些？

11. 建筑模型中有哪几种灯光系统？

3

第三章

建筑模型制作工具

图 3-1　3D 打印机

注：3D 打印是一种快速成型技术，又称增材制造，它是以数字模型文件为基础，运用可塑形的金属或塑料等黏合材料，通过逐层叠加成型的方式来构筑设计形体的技术。目前 3D 打印机价格越来越便宜，普通产品价格低至 3 000 多元，具有较高的性价比，当前已成为现代建筑模型制作的重要工具。

章节导读： 建筑模型结构繁杂，制作工艺离不开工具，学习建筑模型制作应当熟练运用这些工具。本章对建筑模型制作中常用到的工具进行详细解析，系统讲解建筑模型制作工具的特点。

第一节
测量工具

测量工具是用于测量材料与构造尺寸的工具，主要是为建筑模型制作提供基础尺寸数据，是后续裁切工作的依据。

一、测量工具分类

建筑模型制作常用的测量工具主要有直尺、角度尺、高度尺、游标卡尺、比例尺、卷尺、蛇尺、内外卡钳、电子测距仪等。

1. 直尺

直尺在建筑模型制作中主要用于绘制平直的参考线，常见直尺有不锈钢直尺与亚克力直尺。常用直尺长度主要有 300 mm、400 mm、500 mm、1000 mm、1200 mm 等多种规格。

2. 角度尺

角度尺依据角度不同可分为 90° 角尺与万能角度尺两种，其中 90° 角尺又被称为直角尺。在建筑模型制作中主要用于核验建筑模型是否垂直，或在建筑模型材料表面画线。万能角度尺拥有多种角度，使用方便，能多角度画线。

3. 高度尺

高度尺又称高度游标尺，既可用于测量材料构造的高度，又可用于测量工件形状与位置公差。在建筑模型制作中，高度尺多用于画线。

4. 游标卡尺

游标卡尺可用于测量构造的长度、内径、外径、深度等，它由主尺与游标组成，主尺单位为 mm。

5. 比例尺

常用比例尺为三棱比例尺，比例尺既可用于画线，又可用于检测建筑模型比例是否合理。

6. 卷尺

常见卷尺多为钢卷尺，它可以自由伸缩，规格一般有 5 m、10 m、15 m、20 m 等，可用于测量面积或长度较大的材料构造。

7. 蛇尺

蛇尺又被称为自由曲线尺或蛇形尺，它可用于绘制弧线、曲线等非圆形自由曲线。在建筑模型制作中，可用于绘制弧形建筑、庭院水池、道路等不规则形态的参考线。

8. 内外卡钳

内外卡钳多为不锈钢材质，主要用于测量建筑模型的圆弧直径。

9. 电子测距仪

电子测距仪多用于测量建筑模型摆放的实地距离，或用于对现有建筑的考察测量，所测量的尺寸可作为图纸缩样的参考数据。

二、测量工具对比

不同测量工具的特点具体可参考表 3-1。

表 3-1 测量工具对比一览表

名称	图例	特性	用途	参考价格
直尺		不锈钢材质的直尺耐磨、耐腐蚀、耐划，价格适中，携带方便	使用频率较高，多与美工刀、手术刀等小型裁切工具配合使用	长 40 mm，约 8 元 / 件；长 50 mm，约 12 元 / 件；长 60 mm，约 15 元 / 件
角度尺		多为不锈钢材质，连接部位紧密，旋转阻力均匀	多与美工刀、手术刀等小型裁切工具配合使用，使用时要保证角度尺与模型材料处于同一垂直面，两者需贴合紧密	长 40 mm，约 25 元 / 件
高度尺		全金属制作，滑动灵敏，底盘较重，能上下移动测量材料、构件	用于测量建筑模型各组装部件的高度，以此来检验模型制作的准确性，或用于在模型材料表面绘制参考线	高 40 mm，约 35 元 / 件；高 60 mm，约 50 元 / 件
游标卡尺		在直尺基础上增加了卡钳状活动标尺，能平行移动测量外凸或内凹的材料、构件	用于测量管件材料的内外径	长 200 mm，20 ~ 25 元 / 件
比例尺		多为三棱状，每个棱角上有不同的比例数据，根据使用要求来选择比例	用于换算图纸比例，能将实际尺寸快速转换为缩小后的尺寸	长 30 mm，约 15 元 / 件；长 50 mm，25 元 / 件
卷尺		卷尺不会轻易变形，使用方便，易携带，拥有英寸与厘米两种数据单位	用于较大形体构件、材料测量，也用于建筑结构空间测量，使用时要将卷尺与材料表面贴紧	长 3 m，12 元 / 件；长 5 m，18 元 / 件；长 8 m，28 元 / 件
蛇尺		质地较柔软，由软橡胶材料混合柔性金属芯条制成，可曲度较高，具有双面尺身，但是精度没有其他测量工具高，会存在一定误差	用于弯曲成各种弧线造型，可绘制山川、河流等自由形态轮廓	长 40 mm，约 12 元 / 件；长 50 mm，约 15 元 / 件；长 60 mm，约 18 元 / 件
电子测距仪		体量较小，使用方便，所得的测量数据精准，误差值较小	用于实地测量建筑室内外空间尺寸与部分大型材料尺寸	测距 40 m，约 120 元 / 件；测距 60 m，约 150 元 / 件；测距 100 m，约 280 元 / 件

第二节
裁切工具

在建筑模型制作过程中，可使用裁切工具切割出符合设计图纸的模型构件，切割时要确保模型材料边角的均匀性与精致感。建筑模型制作常用的裁切工具主要可分为切削工具和锯切工具，使用时要注意手部安全。

一、切削工具

切削工具可分为钩刀、手术刀、美工刀、剪刀等（图 3-2）。

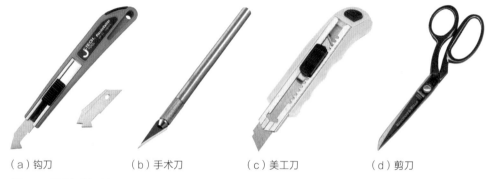

（a）钩刀　　　　　　　　（b）手术刀　　　　　　　　（c）美工刀　　　　　　　　（d）剪刀

图 3-2　常用切削工具

注：这些工具在生活中都经常见到，在建筑模型制作过程中，需要经常更换刀片。如果更换频率按时间来计算的话，平均每天都要更换美工刀的刀片，其他工具间隔 2 ~ 3 天更换一次。

1. 钩刀

刀头带钩，用于钩割 1 ~ 3 mm 厚塑胶板材，需以钢尺作为辅助。钩割厚度在 5 mm 以上的塑胶板材时，需要对塑胶板材进行正反双面钩割。

2. 手术刀

可分为圆刀、尖刀、斜口刀，刀锋比较尖锐。为了避免划伤手部，严禁用手直接触摸刀口，切割材料时，刀口与材料呈 45° 角切割。

3. 美工刀

美工刀是比较常用的裁切工具，刀片可自由伸缩，使用比较方便，价格低廉，可配合直尺裁切建筑模型材料（图3-3）。

（a）用美工刀切割板材　　　　　　　　　　　（b）用美工刀切割棒材

图3-3　用美工刀切割建筑模型材料

注：图3-3a：对于大多数密度较大的硬质板材，用美工刀切割出凹痕后，可用手掰开使其断裂。图3-3b：大号美工刀可用于裁切软质木杆或木棒，裁切时在专用垫板上操作，避免划伤桌面。

4. 剪刀

由活动刀锋与静止刀锋构成，剪刀刀口形状不一，使用方便，裁剪材料时比较省力。使用前应在材料表面绘制参考线，注意预留出合适的裁剪损耗空间。

二、锯切工具

建筑模型制作常用的锯切工具主要包括电动手锯、手锯、电热丝锯以及线锯床等（图3-4）。

 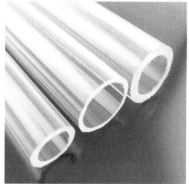

（a）板材锯切　　　　　　　　　　　　　　　（b）锯切完毕的管材

图3-4　建筑模型材料锯切

注：图3-4a：大型车床加工效率特别高，可以对30件以上的相同件进行锯切。但是开机一次成本较高，如果需要切割的材料不多，不建议使用大型车床，因为并不经济。图3-4b：锯切完毕后的材料截断面是否光洁，主要取决于机械设备的转速，以及刀片、锯片等耗材的锋利程度。

1. 电动手锯

电动手锯能锯切比较细致的曲线轮廓，但在使用时要控制好锯切速度，做好手部防护。电动手锯的锯片会比线锯床的锯片粗，使用电动手锯锯切建筑模型材料时，要保证锯片与材料保持垂直，锯齿应当朝下，可选择 V 形木板来辅助切割。

2. 手锯

手锯可细分为板锯、钢锯、木锯以及线锯。板锯用于锯切板状材料，钢锯用于锯切金属类材料，木锯用于锯切木质材料，线锯多用于锯切曲线轮廓。使用手锯时要控制好锯片的方向，锯片要与材料表面保持垂直，锯切收口处和弯曲处时要适当减速。

3. 电热丝锯

电热丝锯主要通过电热丝通电发热来锯切 PS 板，锯切材料时要依据材料类型选择适合的锯切温度。

4. 线锯床

线锯床拥有不同规格的锯片，使用前要根据材料质地选择合适的锯片，并正确安装锯片，锯片锯齿要朝下，固定住材料，检查无误后即可开启机器。在使用过程中，要仔细观察锯片上下摆动的位置，确保其能正常工作。

三、裁切工具对比

不同裁切工具的特点具体可参考表 3-2。

表 3-2　裁切工具对比一览表

名称		图例	特性	用途	参考价格
切削工具	钩刀		刀头为钩状，可更换刀片，钩刀使用寿命较长	用于直线钩割，钩割各种规格的塑料板材、胶片等	3～5 元/件
	手术刀		刀头形态多样，刀片较薄，可更换刀片，十分锋利	用于切割较薄的材料，斜口刀用于划切门窗材料，圆口刀用于划切弧线	5～8 元/件

名称		图例	特性	用途	参考价格
切削工具	美工刀		分为小号与大号，可更换刀片，刀片可以伸缩，携带、使用方便	用于切割苯板、纸板、即时贴纸等较厚的材料，不可将刀片推出过长，否则易导致刀片折断	小号 3 ~ 5 元 / 件；大号 5 ~ 8 元 / 件
	剪刀		拥有一定尖锐度，裁剪方便，价格低廉	用于裁剪布质、纸质材料，以及较薄钢板、绳子等片状或线状材料	小号 5 ~ 6 元 / 件；大号 8 ~ 10 元 / 件
锯切工具	电动手锯		转速快，切割效率高，可更换不同锯片切割不同材料，有一定危险性，需要操作熟练	用于批量锯切质地较硬的各种材料，需调控好速度	φ 110 mm，150 ~ 180 元 / 台
	手锯		锯口形态多样，锯切效率适中，价格低廉	用于少量锯切木质材料，借助垫板、台虎钳等工具将材料固定锯切	长 30 mm，10 ~ 15 元 / 件；长 40 mm，15 ~ 20 元 / 件；长 60 mm，20 ~ 35 元 / 件
	电热丝锯		通过电热丝通电发热原理锯切，温度可自行调节，锯切效率较高	用于锯切 PS 或软质 PVC 等材料	350 ~ 500 元 / 台
	线锯床		锯片较细，转弯速度较快，可进行弧形或折角处的锯切，控制好锯切速度与力度	用于锯切软木、薄板、金属片、胶片等材料	600 ~ 800 元 / 台

第三节
喷涂工具

色彩是表现建筑模型特色的重要元素之一，使用喷涂上色的方式比较轻松，能表现出建筑模型的均衡质感。本节介绍建筑模型中会用到的喷涂工具。

一、喷涂工具使用要求

喷涂的目的在于丰富建筑模型的表面色彩，并保护建筑模型的外部结构（图3-5）。在进行基础喷涂工作时，要选择合适的喷涂工具，以达到喷涂要求。

（a）喷涂材料

（b）部分建筑模型结构喷涂

图3-5 建筑模型喷涂

注：图3-5a：自动喷漆使用效率高，虽然价格不便宜，但是能提高工作效率。图3-5b：喷涂距离保持在200～300 mm，在喷涂过程中匀速移动位置，对同一部位的喷涂应达到3遍以上，需要待每遍喷涂完全干燥后才能进行下一遍喷涂。

喷涂建筑模型时应遵守的相关要求如下：

（1）喷涂后，漆膜的光泽应均匀一致，且漆膜干固后，应当具备光滑的触感，表面无塌陷、无裂缝、无暗坑或凸起的小颗粒。

（2）对建筑模型的边角区域进行喷涂时，不要出现重色和花色现象，色彩的亮度、纯度等应均衡。漆膜越薄，模型整体视觉感越好。

（3）喷涂时建筑模型应有一定湿润度，要避免模型表面过于干燥，对于比较容易燃烧的材料，还需做好防火处理。

（4）喷涂时要注意安排好喷涂顺序，去除建筑模型表面的污垢后，再进行基础喷涂工作，在同一面喷涂不同色彩时，可借助分色纸将喷涂区域区分开。

（5）喷涂时要选择合适的底漆。

二、喷涂工具分类

建筑模型制作常用的喷涂工具主要有毛笔、喷笔、喷枪、气泵等（图3-6）。

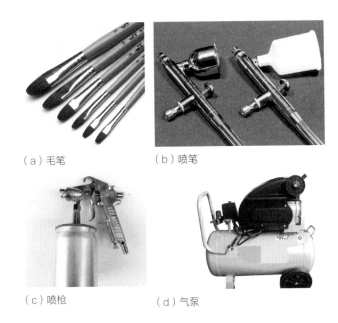

（a）毛笔　　　　　　　　（b）喷笔

（c）喷枪　　　　　　　　（d）气泵

图3-6　喷涂工具
注：图3-6a：毛笔主要用于修饰喷涂界面的边缘或转角处，避免出现喷涂漆料淤积或流挂等现象。图3-6b：上置色料容器的喷笔适用于喷涂形体较小的模型构件，能随时更换色彩。图3-6c：下置色料容器的喷枪适用于喷涂形体较大的模型构件，喷涂持续时间长。图3-6d：气泵能为喷笔、喷枪提供源源不断的气体动力。

1. 毛笔

用于建筑模型涂装的毛笔可分为圆尖头毛笔与平头毛笔，依据建筑模型体量的不同，可选择不同规格的毛笔。在选择毛笔时，要仔细查看笔头与刷毛，以确保刷毛平齐，不会出现劈线的状况。

2. 喷笔

喷笔需要配合气泵使用，利用喷笔可以使建筑模型表面涂装更具个性，同时也能确保喷涂的均匀性，有利于表现建筑模型的细节。

（1）单动喷笔。通过触动空气阀按钮来控制喷嘴的开关。

（2）双动喷笔。除了能控制开关，还能通过滑动式按钮与对应的针体来控制漆料喷出量。

3. 喷枪

喷枪依据漆料供应方式的不同可分为吸料式喷枪与压力式喷枪。

（1）吸料式喷枪。色料容器在喷枪下方，由喷嘴处提供吸力将色料吸至枪嘴，色料容器容量较大，能够用于大面积喷涂。

（2）压力式喷枪。枪壶与喷枪各自单独存在，色料在容器内被加压，而后供应至喷嘴，喷涂范围较大，喷涂效果也较好，但喷枪清洗比较困难。

4. 气泵

气泵配合喷笔、喷枪使用，又被称为空气压缩机。在进行喷涂工作时，气泵能自动均衡喷笔、喷枪的出气量，压力过高时会自动停机，能为喷涂提供源源不断的动力。此外，无色料喷涂时，气泵还能当作清洁工具使用，能喷出气体或水，用于模型构件、工具设备清洁。

补充要点

喷涂机

喷涂机是用于大型建筑模型喷涂的设备组合，主要由喷枪、气泵、供料装置、雾化发生源等配件组成。喷涂机工作效率高，多为无气喷涂，喷涂时仅将气体作为动力输出到色料容器中，色料中不混合空气，最终喷涂出来的只有色料，而不产生气泡，避免在建筑模型表面出现气泡破裂的痕迹，适用于黏稠度较高的漆料。喷涂后形成的涂层触感细腻，表面不会出现白点或刷痕，可以获得厚度均匀的涂膜。

第四节
造型工具

具有特殊创意造型的建筑模型需要用专业造型工具制作，这些工具主要为固定装置，能让被造型材料保持牢固，便于施加各种外力进行加工。

一、造型工具分类

建筑模型制作常用的造型工具主要包括热风机、手虎钳、台虎钳、C形夹、锤子等（图3-7）。

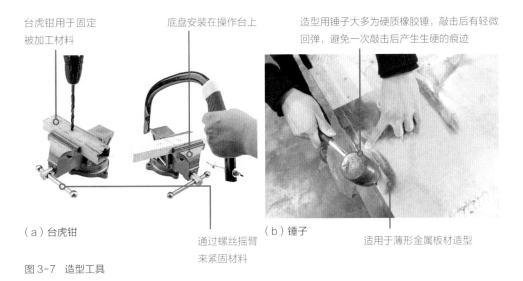

台虎钳用于固定被加工材料

底盘安装在操作台上

造型用锤子大多为硬质橡胶锤，敲击后有轻微回弹，避免一次敲击后产生生硬的痕迹

（a）台虎钳

通过螺丝摇臂来紧固材料

（b）锤子

适用于薄形金属板材造型

图3-7 造型工具

1. 热风机

热风机主要由加热器、鼓风机、加热电路组成，可以自由调控工作温度与风量。热风机多用于薄形塑料板材、片材的曲折造型处理。

2. 手虎钳

手虎钳又称手拿钳，常用手虎钳的钳口长度主要有25 mm、40 mm、50 mm等，使用方便，可用于金属线材曲折造型。使用手虎钳弯折金属线材时，应控制力度，以免出现变形过度。

3. 台虎钳

台虎钳主要由钳体、底盘、导螺母、丝杠、钳口等结构组成，与手虎钳一致，台虎钳也用于夹持材料，是方便加工重型构件的通用夹具。台虎钳需要安装在操作台上，操作稳定，钳体可以旋转，灵活性较高。

4. C 形夹

C 形夹形似字母 C，主要用于材料、构件彼此间的固定，或将材料固定到操作台板上，便于深度加工。

5. 锤子

锤子分为橡胶锤与铁锤，主要对材料进行外力敲击，使材料变形直至达到造型效果，使用时要做好手部防护。

二、造型工具对比

不同造型工具的特点可参考表 3-3。

表 3-3 造型工具对比一览表

名称	图例	特性	用途	参考价格
热风机		通过电加热空气，再将热空气通过风扇高速吹出，形成热气流，对材料进行软化	用于弯折塑料板材或棒材，使用时要远离易燃、易爆等危险品，使用时应带上防烫伤手套	250 ~ 350 元 / 台
手虎钳		铸铁金属构造，夹紧强度大，可调节夹件宽度，由定夹壁、动夹臂、螺栓调节组成	用于夹持体量较小的模型材料或构件，便于加工	30 ~ 50 元 / 件
台虎钳		铸铁金属构造，夹紧强度大，安装在操作台上，可调节夹件的宽度	用于夹持体量较大的模型材料或构件，需做好润滑工作	钳口宽 100 mm，80 ~ 100 元 / 件；钳口宽 125 mm，100 ~ 150 元 / 件；钳口宽 150 mm，150 ~ 250 元 / 件
C 形夹		铸铁金属构造，夹紧强度大，体量较小，使用方便	用于夹持两件不同的模型材料或构件，用于保持形体或连接状态	20 ~ 40 元 / 件
锤子		由锤头和锤柄组成，规格、形态多样，价格低廉	用于敲击材料来使材料变形，比较方便	小铁锤 10 ~ 20 元 / 件；大铁锤 20 ~ 30 元 / 件；橡胶锤 15 ~ 40 元 / 件

第五节
机械设备

机械设备拥有较高的工作效率，种类繁多，在建筑模型制作中，多用于分割、雕刻等规格较大的材料或需要进行特殊造型的材料。

一、机械设备分类

建筑模型制作常用的机械设备主要包括激光切割机、铣床、台锯、机械雕刻机、喷绘机、3D打印机等。

1. 激光切割机

激光切割机主要用于精准定位剪切材料，由机体自带软件控制，使用时要控制激光束强度与速度。能大幅度提高模型材料的加工速度，能够制作出边角圆滑且尺寸精细的模型零部件，但维修与保养费用较高（图3-8）。

图3-8　激光切割机

注：精准定位材料，避免浪费，一次性切割成型，主要加工金属、高密度塑料等硬质板材，可以切割，也可以雕刻。

2. 铣床

铣床通过自带的CAD软件来获取图形，能铣削出高精度零部件。在铣削过程中，要及时清除铣削产生的材料碎屑，保持导螺杆与外围工作环境干净，避免碎屑卡入铣床中，导致铣床出现卡顿或损坏（图3-9）。

图3-9　铣床

注：主要对材料或构造进行钻孔，或对已有的孔洞内外壁进行扩大、抛光、打磨处理，造型精度很高。

3. 台锯

台锯是将电动切割机固定于工作台面上，锯片与台面之间的角度能自行调节。主要切割直线形建筑模型材料，使用厚度为1.6 mm或2 mm的金属锯片，能切割各种木板、塑料板材、方材等（图3-10）。

图3-10　台锯

注：将切割机反置安装在固定的操作台面下部，方便切割各种板材，能调节多种角度，获得不同的切割形态。

4. 机械雕刻机

机械雕刻机（图 3-11）可用于加工建筑模型普通材料，一般用于雕刻中低密度的塑料、木质板材，通过分析输入的尺寸数据，由数据控制雕刻工作状态。建筑模型加工多使用小功率雕刻机，大功率雕刻机用于制作大型模型中的浮雕造型。

图 3-11　机械雕刻机

注：机械雕刻机价格相对低廉，是当今建筑模型制作的首选机械设备，能对大多数塑料、木质、金属板材进行加工，但是对材料的雕刻深度与精细度比不上激光雕刻机。

5. 喷绘机

喷绘机（图 3-12）属于打印机系列设备，使用腐蚀性较强的溶剂型墨水打印图像，颜料的固色性较强，适用于各种平整的塑料板材、纸质材料、布料等。为了增强喷绘机的耐用性，在使用过程中需要定期保养。

图 3-12　喷绘机

注：用于建筑模型制作的喷绘机属于平台喷绘机，能对板材进行喷绘，经过喷绘的板材可直接用于模型底盘、建筑外墙构造，在一定程度上能取代喷漆与贴纸饰面。

6. 3D 打印机

3D 打印是一种快速成型技术，又称增材制造，它是以数字模型文件为基础，运用可塑粉末状金属或塑料等进行造型，通过逐层堆积并固化的方式来构造形体。3D 打印机（图 3-13）主要用于制作建筑模型中构造复杂的零部件。3D 打印机与普通打印机工作原理基本相同，将 U 盘或计算机与打印机连接后，将打印模型文件输出给 3D 打印机，就能将"打印材料"逐层叠加起来，最终将黏稠的液态材料固化成型，变成实物。

（a）3D 打印机外观　（b）3D 打印机工作　（c）原料与成型构件　（d）3D 打印的建筑模型

图 3-13　3D 打印机

注：3D 打印的设计过程是：先通过计算机建模软件建模，再将建成的三维模型"分区"成逐层的截面，即形成切片，从而指导打印机逐层打印。设计软件与打印机之间的交流文件格式多为 STL 格式。STL 格式文件使用三角面来近似模拟物体表面，三角面越小，其生成的表面分辨率越高。一个桌面尺寸的 3D 打印机就可以满足建筑模型造型需要。

二、机械设备对比

不同机械设备的特点具体可参考表 3-4。

表 3-4　机械设备对比一览表

名称	图例	特性	用途	参考价格
激光切割机		切割速度快，切割宽度为 0.1 mm，精准度高，价格昂贵	用于切割、雕刻厚度为 0.5 ~ 22 mm 的各种金属、塑料材料，使用时要做好防护措施	50 000 ~ 80 000 元 / 台
铣床		能高速钻孔、铣孔，精准度高，可搭配多种钻头，价格适中	用于加工各种金属、塑料材料，制作不同规格的孔，并对孔洞进行精细化加工	3 000 ~ 4 000 元 / 台
台锯		可搭配不同规格、型号、材质的锯片，能调节加工速度	用于切割厚度为 1 ~ 40 mm 的各种金属、塑料、木质材料，切割轨迹为直线形	1 500 ~ 2 500 元 / 台
机械雕刻机		搭配多种规格钻头，雕刻痕迹宽度为 0.5 mm，精准度较高，价格低廉	用于切割、雕刻厚度为 1 ~ 22 mm 的各种金属、塑料、木质材料，使用时要做好防护措施	8 000 ~ 15 000 元 / 台
喷绘机		为平台打印，所打印图像能防紫外线、防水、防刮伤等，能打印在板材上，价格昂贵	可打印在各种厚度，且表面平整的金属、塑料、木质板材上	30 000 ~ 50 000 元 / 台
3D 打印机		操作简单，成型速度快，耗材廉价，价格适中	用于特殊、复杂、形体小的模型构造，打印造型细腻，结构稳定性较好	3 500 ~ 5 000 元 / 台

第六节
其他辅助制作工具

辅助制作工具能使建筑模型各零部件形态更完善，同时也能提高模型制作效率，增强模型连接件之间的紧固性。

一、辅助制作工具分类

建筑模型制作常用的辅助制作工具包括刨锉工具、钻孔工具、焊接工具、打磨工具、接合工具和喷涂辅助工具。

1. 刨锉工具

刨锉工具可细分为铣刀、刨刀、电刨、錾凿工具及锉刀。

（1）铣刀（图3-14）。主要用于材料中的孔洞铣削加工，拥有一个或多个刀齿，可自由旋转，优质铣刀还拥有高强度刃口，韧性与抗震性较好。

（2）刨刀（图3-15）。主要用于刨削塑料、有机玻璃，以及木质材料的表面、边沿、切口等部位，使用刨刀时应当确保刀架与刀座的正确位置，控制刨刀伸出的长度与角度。

（3）电刨（图3-16）。由手柄、开关、刀腔结构、电动机、刨削深度调节结构、插头等构成，使用时要控制好电刨的吃刀量和进刀量，循序渐进地刨削材料。

图 3-14　铣刀
注：铣刀安装在铣床设备上，工作时处于高速运转状态，多采用钨锰合金制作，在使用时要注意降温，以免温度过高造成材料熔融，导致变形。

图 3-15　刨刀
注：加工时控制好刨刀的长度，依据刨削材料来选择不同形态的刨刀。

图 3-16　电刨
注：电刨的使用效率高，但仅适合大面积平整材料的加工，不适用于凸凹形态的材料加工。

（4）凿刀（图3-17）。防锈性与抗敲击性能良好，通过人力用锤子敲击凿刀上端，对下端刃口产生压力，从而达到錾凿材料的目的。使用时要控制好敲击力度，并做好必要的手部防护。

（a）凿刀　　　　　　（b）凿刀应用

图3-17　凿刀

注：凿刀运用简单，适用于木质、塑料材料，凿切角度很重要，对于较深的凹槽应当多次凿切，不能急于求成。

（5）锉刀（图3-18）。主要用于木材、皮革、塑料、金属等表面的锉削加工，锉刀表面分布有细密的刀齿，可以修平、打磨模型材料。可对平面、圆孔、凹凸面、曲面等多种形态的表面进行加工，使其达到光滑平整的效果。

（a）锉刀　　　　　　（b）锉刀应用

图3-18　锉刀

注：质地较软的金属不适合用宽度较细的锉刀锉削，应当使用宽锉刀慢慢锉削。为了避免手部受到伤害，同时也为了避免锉刀磨损过度，建议使用锉刀时控制好锉削的速度。

2. 钻孔工具

钻孔工具可分为手摇钻、手电钻和台钻等。在建筑模型的制作过程中，可以利用钻孔工具对材料进行钻孔加工，同时钻孔工具也可以作为材料切割的辅助工具。

（1）手电钻（图3-19）。主要用于金属、木材、塑料等材料的钻孔，是使用比较频繁的电动工具。手电钻规格较多，钻孔直径为 2 ~ 12 mm 不等。

（2）台钻（图3-20）。又称为台式钻床，是一种固定在操作台上的竖向小型钻床，构造简单，灵活性与耐用性较强，工作时转速较高，能快速对硬质、重型建筑模型构件进行钻孔加工。

（a）多功能手电钻　　　　　（b）充电锂电池手电钻

图3-19　手电钻

注：图3-19a：带电锤功能的手电钻能在混凝土、砖墙等硬质构造上钻孔，可满足建筑模型基础安装。图3-19b：充电锂电池手电钻使用灵活，能方便手持，充电一次能满足一个工作日的需要。

图3-20　台钻

注：台钻需要将电钻安装在操作台上使用，钻孔精度高，能钻孔径更大的孔，如 φ12 mm 以上的孔。

3. 焊接工具

建筑模型制作常用的焊接工具主要包括电烙铁与电焊机。

（1）电烙铁（图3-21）。主要用于焊接建筑模型中的电线与各种开关，焊接前要做好接触面的清洁工作，电烙铁表面应当无杂质碎屑。

（2）电焊机（图3-22）。主要用于焊接建筑模型中不锈钢、镀锌钢等材料的金属板、管，机体结构简单，通过电压变化来获取熔化焊料，将模型零部件紧密连接起来。

图 3-21　电烙铁

注：这是一种电路维修、加工工具，能将电线、开关、LED 灯等电子设备连接起来，需要用到焊锡丝等耗材。

图 3-22　电焊机

注：适用于不锈钢材料焊接，焊接痕迹小，经过打磨抛光能达到无痕效果。

4. 打磨工具

建筑模型制作常用的打磨工具主要包括砂纸、电动打磨机、电动砂轮机、海绵抛光盘等。

（1）砂纸（图3-23）。砂纸规格很多，依据研磨物质与用途，可分为耐水砂纸、海绵砂纸、干磨砂纸、无尘网砂纸、金刚石砂纸、人造金刚石砂纸、玻璃砂纸等不同品种。标号小的砂纸适合打磨粗糙材料，标号大的砂纸适合打磨精细材料。

圆形砂纸背面为毛毡，能贴在打磨片表面

孔洞用于在高速旋转过程中透气

手工打磨的力度加大，能提高效率

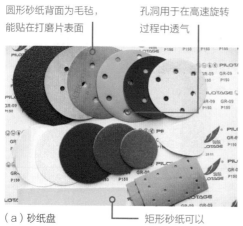

（a）砂纸盘

矩形砂纸可以根据需要裁切

（b）用砂纸打磨木杆

对砂纸进行裁切后使用能节省耗材，物尽其用

图 3-23　砂纸与应用

（2）电动打磨机。又称锉磨机，适用于建筑模型材料与构件的精加工打磨，磨削性能较强，效率高，能够快速打磨模型材料（图3-24）。

（3）电动砂轮机。主要由电动机、基座、砂轮、防护罩、托架等组成，可用于打磨质地较硬的材料，也可用于小型零部件磨削与毛刺清除，但不能磨削紫铜、木材、铅等材料，以免出现砂轮堵塞（图3-25）。

（4）海绵抛光盘（图3-26）。有黄色、黑色、白色之分。黄色盘质地较硬，可用于消除材料表面氧化膜与划痕；黑色盘质地较柔软，适用于透明漆膜抛光或普通漆膜的还原；白色盘柔软且细腻，可用于消除材料表面的划痕与抛光。

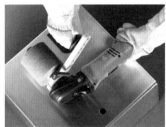

图3-24 电动打磨机的应用

注：使用前要仔细检查机体，在使用过程中要循序渐进地加速，不可用力过猛，速度过快可能会导致打磨片碎裂。一旦机体出现卡顿现象，应当立即关闭电源，检查打磨片是否破损，如有破损，应当立即更换，并清除碎屑。

图3-25 手动使用电动砂轮机

注：使用前要确定砂轮机旋转方向，控制好磨削的力度，佩戴好防护眼镜。如若砂轮机出现卡顿或跳动情况，则应当立即关闭电源，进行整修。

图3-26 海绵抛光盘

注：依据盘面形状选择使用，直切型抛光盘转速快，灵活性比较强；波纹型抛光盘稳定性强，粉末不会轻易飞溅；平切型抛光盘工作面积较大，散热性较好，稳定性较强。

补充要点

无尘网砂纸

无尘网砂纸表面呈纱网状，使用无尘网砂纸进行打磨，可以缓解研磨时产生的微粒飞扬或悬浮在空气中的情况，能提高制作环境的空气质量。无尘网砂纸拥有多种多样的粒度，能满足不同材料的打磨要求，使用寿命较长，打磨效率较高。

5. 接合工具

建筑模型制作常用的接合工具（图 3-27）包括旋具、钢丝钳、扳手、螺钉、气排钉等。

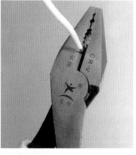

（a）旋具　　　　　　　　（b）钢丝钳　　　　　　　　（c）螺钉

图 3-27　接合工具与应用

（1）旋具。主要用于紧固或拆卸大型建筑模型部件上的螺钉或螺栓，使用比较方便，规格和样式也比较多。

（2）钢丝钳。又可称为老虎钳，既可用于夹断细钢丝，又可用于紧固或拆卸建筑模型上的螺钉或螺栓。

（3）扳手。主要用于安装或拆卸建筑模型上的螺钉或螺栓，扳手材料多为碳素钢合金，抗冲击性、抗敲击性、抗腐蚀性、耐用性都比较强，操作简单，价格低，但是工作强度较大。

（4）螺钉。主要利用旋转力与摩擦力来紧固带孔构件，用于建筑模型底盘或电气设备金属件的紧固。旋紧螺钉时力度要合适。

（5）气排钉。配合气钉枪与气泵使用，利用气泵产生的压缩空气，通过气钉枪将气排钉钉入木质材料中，从而达到固定的目的。

二、辅助制作工具对比

不同辅助制作工具的特点具体可参考表 3-5。

表 3-5　辅助制作工具对比一览表

名称	图例	特性	用途	参考价格
铣刀		与钻头类似，质地坚硬，刀头形态多样，能适应不同材料	用于孔洞内壁的扩充、打磨	3 ~ 8 元 / 支
刨刀		碳素钢材质，刀口锋利，刨刀的一部分安装在刨子中，紧固后使用	用于木质材料平整表面的刨切、修整	12 ~ 20 元 / 件

名称	图例	特性	用途	参考价格
电刨		手持式电动工具，内置专用刨刀，工作效率高，手持方便	用于木质材料平整表面的刨切、修整	350 ~ 500 元 / 台
凿刀		与螺丝刀类似，质地坚硬，刀头规格、形态多样	用于木材、塑料等表面的切削与錾凿	6 ~ 25 元 / 件
锉刀		刀身表面有细密的纹理，质地坚硬，规格、形态多样	用于锉削体积较小的金属零部件，用于木材、塑料、金属、皮革等多种材料的加工	15 ~ 25 元 / 件
手电钻		手持式电动工具，可搭配多种规格、形式的钻头，工作效率高，手持方便，价格适中	用于多种材料的钻孔	80 ~ 150 元 / 台
台钻		台式电动工具，方便维护，工作精度、刚度较高，操作方便	用于硬度较大的零部件表面钻孔，钻孔的直径为 25 mm 以下	450 ~ 650 元 / 台
电烙铁		通电加温后能熔接电子设备中的电线与接线端头，功耗低，价格低廉	用于照明灯具、动力设备、集成电路等电子元器件的焊接，搭配焊锡丝使用	20 ~ 30 元 / 件
电焊机		体积适中，通电使用，焊接速度快，牢固度较高，使用时要做好基础防护工作	用于不锈钢、镀锌钢等金属材料的焊接	500 ~ 800 元 / 台
砂纸		表面粗糙，无缺砂、胶斑、透胶等现象，具备良好的耐水性与耐高温性，适用性广	用于各种材料表面打磨，根据不同材料选用不同型号的砂纸	1 ~ 3 元 / 张

名称	图例	特性	用途	参考价格
电动打磨机		高速旋转电动工具，工作效率高，需要安装砂纸或打磨盘	用于打磨软质材料表面毛刺，或抛光软质的材料	600 ~ 800 元 / 台
电动砂轮机		台式高速旋转电动工具，工作效率高，需要安装砂纸或打磨盘	用于打磨中等硬度材料的表面毛刺，或用于抛光中等硬度材料	800 ~ 1200 元 / 台
海绵抛光盘		质地柔软，安装在打磨机或砂轮机上，搭配抛光剂使用	用于抛光中硬质材料表面，形成高亮、反光质感	5 ~ 8 元 / 张
旋具		包含各种规格、形态的螺丝刀，采用高强度碳素钢	用于紧固、拆卸各种螺钉	10 ~ 15 元 / 件
钢丝钳		由钳头与钳柄组成，采用高强度碳素钢	用于夹持材料，能紧固或拆卸螺钉、螺栓，能切割不同质地的金属线、塑料线	15 ~ 25 元 / 件
扳手		开口呈固定或活动状，活动扳手可自行调节开口宽度	用于紧固或拆卸一定规格的螺母或螺栓	10 ~ 15 元 / 件
螺钉		由塑胶或金属制成，形态、规格多样	用于固定各种厚度达 3 mm 以上的硬质材料	1000 颗装，15 ~ 20 元 / 盒
气排钉		镀锌铁合金材质，形态、规格多样，需要配合气钉枪与气泵使用	用于固定各种厚度在 3 ~ 18 mm 之间的木质板材	1000 颗装，8 ~ 12 元 / 盒

第七节
特殊材料与工艺解析

常规的建筑模型采用各类塑料板材，搭配模型胶即可完成，对于有特殊设计、展陈要求的建筑模型需要用到一些特殊的制作手法，对工具运用的要求十分严格。下面介绍几件用特殊材料与工艺制作的建筑模型，分析其中材料的组成与工具选用。

一、合金薄板模型

合金薄板建筑模型为观赏类建筑模型，具有一定收藏价值，观赏时效长。制作时采用激光雕刻机对厚度为 0.3 ～ 0.8 mm 的不锈钢、铝镁合金、锌镁合金板材进行切割，再通过局部焊接或胶水粘贴来组合。合金薄板建筑模型造型精细，可选用多种颜色的电镀饰面合金薄板，能表现出特殊的审美造型与视觉效果（图 3-28）。

（a）中式古典楼阁模型　　　　　（b）欧式钟楼模型

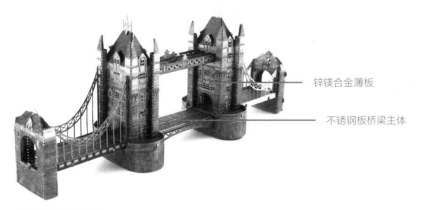

锌镁合金薄板

不锈钢板桥梁主体

（c）欧式桥梁模型

图 3-28　合金薄板模型
注：图 3-28a：中式古典格调模型色彩丰富，原建筑表面多为各色琉璃、彩画、涂料装饰。在建筑模型中使用装饰性很强的多色电镀锌镁合金，不仅能表现出强烈的色彩对比，还能表现出强烈的明暗对比。图 3-28b：单色铝镁合金薄板经过切割后，利用板料之间的凹凸造型，相互咬合拼接，方便安装，模型板块构造之间无须采用胶水黏合。板材表面纹理通过雕刻机处理，形成华丽的装饰效果。图 3-28c：形体规模较大的合金薄板建筑模型，应当采用多种金属材料，以提升模型的稳固性和平整感。

合金薄板建筑模型为观赏类建筑模型，具体加工工具、材料与方法如下（图 3-29）：

（a）机械冷轧成型　　　（b）激光雕刻成型　　　（c）电焊机

（d）电焊条　　　（e）电焊　　　（f）打磨

（g）铁红防锈漆　　　（h）调和石膏

图 3-29　主要加工工具、材料与方法
注：图 3-29a：采用冷轧钢板设备将 0.8 mm 厚镀锌钢板裁切成型，但是尺寸精度不高，只能进行初次裁切，或采用剪刀剪切。图 3-29b：采用激光雕刻机可以对镀锌钢板进行裁切、开孔等一次性成型操作，精度高，质量好。图 3-29c：电焊机输出两个端头，其中一端为负极金属夹子，夹住被焊接钢板，另一端为正极电焊枪手柄，其中可插入电焊条。图 3-29d：电焊条内芯为铁棒，外部为助焊药，将电焊条插入电焊枪手柄中，使其带正极电流。图 3-29e：电焊时，带正极电流的电焊条与带负极电流的镀锌钢板发生接触，产生电离高温火花，高温导致电焊条上的助焊药加速燃烧，熔解电焊条内芯铁棒，完成焊接。图 3-29f：焊接完毕后，镀锌钢板的焊接部位上会形成外凸状的铁疙瘩，影响建筑模型美观，需要用打磨机对铁疙瘩进行打磨。
图 3-29g：采用铁红防锈漆对整个金属建筑模型喷涂 2 遍，形成防锈保护漆膜，同时打造出陈旧的视觉效果。
图 3-29h：采用石膏粉加水调和，塑造建筑模型中的局部细节部分，塑形完毕后，再次喷涂铁红防锈漆 2 遍，统一整体视觉效果。

二、机械雕刻组装模型

通常在我们的生产、生活中，钢板焊接主要用于建筑装饰装修工程，焊接时火花四射，与精细的建筑模型好像毫无关联。如果要表现出特殊的审美造型与视觉效果，可以根据创意设计选用电焊机对材料进行加工（图3-30）。

组装构件表面喷漆

2 mm 厚 ABS 板雕刻成型后组装成建筑模型

（a）整体场景

泡沫草粉喷漆后撒在涂有白乳胶的板材上粘贴起来

购置成品树木统一喷漆后，在板材表面钻孔后插入

地面图案喷绘在 PVC 板材上

（b）顶部鸟瞰

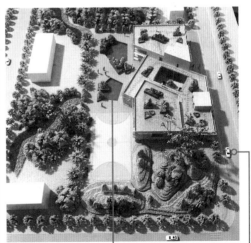

（c）顶部侧角鸟瞰

水面采用蓝色亚克力板，切割后压在底部

购置成品模型车辆摆放粘贴在合适位置

图 3-30　机械雕刻组装模型（宏图誉构模型）

具体加工工具、材料与方法见图 3-31。

（a）将板材置入雕刻机

（b）机械雕刻

（c）雕刻成型

（d）拼接组装

（e）喷涂机喷漆

（f）树木喷漆

（g）丙酮胶

（h）喷绘机

图 3-31　主要加工工具、材料与方法

注：图 3-31a：将 2 mm 厚 ABS 板摆放至机械雕刻机中，将绘制完成的 CAD 图样输入雕刻机。图 3-31b：
选用 ϕ1 mm 刀头进行雕刻。图 3-31c：雕刻完毕后，将雕刻完毕的板料取出，打磨边角。图 3-31d：根据
设计图纸，组装成型。图 3-31e：置入喷涂机喷涂聚酯漆，晾干后摆放到模型底盘上，粘贴固定。图 3-31f：
对购置的成品树木进行统一喷涂着色，形成统一的色彩效果。图 3-31g：采用丙酮胶粘贴雕刻成型的板料部件。
图 3-31h：喷绘机可直接在 PVC 板或 ABS 板表面打印图像，图像需要用计算机图形软件预先设计绘制。

建筑模型要求结构完整、造型美观、色彩亮眼，在制作过程中要能够灵活使用相关的制作工具，明确这些工具的注意事项和使用规则，在保证安全的前提条件下制作出能够充分表现设计意义与设计思想的建筑模型。

★课后练习

1. 简述建筑模型制作所需的测量工具的类别。
2. 列表说明不同测量工具之间的区别。
3. 简要阐述建筑模型制作所需的裁切工具的类别。
4. 列表说明不同裁切工具之间有何区别。
5. 制作建筑模型时要遵守哪些喷涂要求？喷涂时又需注意哪些事项？
6. 制作建筑模型所选用的造型工具有哪些？它们有何特点？
7. 哪些机械和设备可用于制作建筑模型？
8. 建筑模型制作会运用到哪些辅助工具？
9. 用于辅助制作建筑模型的工具各自有何特点？

4

第四章

建筑模型制作工艺

重点概念： 材料选择、比例、切割、钻孔、连接、装饰、电路、拍摄留存

章节导读： 建筑模型制作注重细节塑造，在制作之前，我们需要熟读建筑模型设计图纸，并了解模型材料的特性，厘清建筑模型中各元素之间的比例关系与空间透视关系，利用精湛的制作技艺，创造出完整且艺术化的模型。这需要制作者拥有极大的耐心与超高的专业素养，并能熟练运用各种设备工具（图4-1）来提高制作品质。

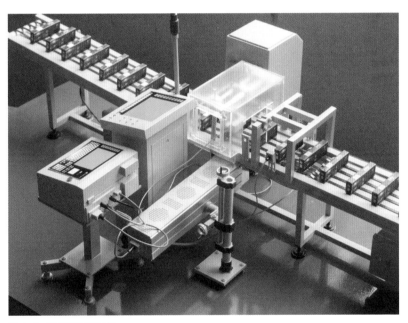

图4-1 模型构件打码机
注：建筑模型制作设备非常多，用于机械、印刷、装修的设备和工具都可以用于建筑模型制作。打码机是一种快速打印设备，可在已经制作成立体构造的模型构件上打印出简单的文字、图案，适用于建筑外墙、标识构造上的小面积文字打印，如建筑模型楼栋编号、门牌号、指示路牌等。

第一节
选择合适的材料

合适的材料能赋予建筑模型更强的表现能力，选择材料时要根据模型制作环境与制作目的来确定。

一、因地制宜选择材料

不同材料决定了不同的制作工艺，在制作之初要根据建筑模型的制作环境来选择合适的制作材料，同时确定制作工艺。

1. 手工切割环境

在手工切割环境下，可以选择质地较薄的软质材料（图4-2），如普通纸材、软木材、塑料薄板、棒材等，这类材料可通过手工工具加工得到各种零部件。如果要利用这类材料支撑起较重的模型构件，可以将该类材料进行多层叠加，或在材料中添加夹层，以此来达到增强构件硬度的目的。

2. 机械切割环境

在机械切割环境下，可以选择硬度较高的木质板材、ABS板材、PVC板材等来制作建筑模型，可使用切割机切割材料（图4-3）。

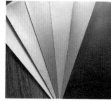

（a）色卡纸　　　　（b）质地较薄的木板
图4-2　手工切割环境下的材料
注：色卡纸与薄板价格较低，能用美工刀裁切，用模型胶粘贴，简单快速。

（a）硬质木板　　　（b）ABS厚板材
图4-3　机械切割环境下的材料
注：硬质木板与ABS厚板材必须采用机械切割，才能提升建筑模型的精细品质。

二、根据表现目的选择材料

不同质地、色彩、肌理的材料，所营造的氛围也会有所不同。

1. 概念研究模型

制作概念性、研究性模型的目的在于表现创新思想，凸显建筑与环境之间的空间关系。这类模型会选用色彩比较单一的材料，如厚纸板、PS板、白色PVC发泡板等，材质轻薄，便于加工，能轻易加工出多种造型（图4-4）。

2. 商业展示模型

制作商业展示模型的目的在于表现建筑丰富多变的色彩、灯光、肌理与相关配饰等内容，同时烘托出商业氛围。这类模型应选择色彩比较丰富的成品型材，如有亚克力板、压纹ABS板材等，虽然材料价格较高，但能够产生比较真实、华丽的视觉效果，能为投资商带来较高的经济价值（图4-5）。

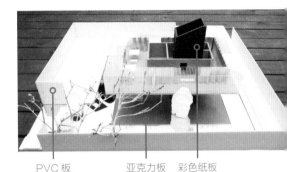

PVC板　　　亚克力板　　彩色纸板

图4-4　概念性模型选用材料

压纹ABS板材　　　成品树木　亚克力板

图4-5　商业展示模型选用材料

[补充要点]

建筑模型制作人员

建筑模型制作人员的工作是熟读建筑模型设计图纸，分析并理解建筑师的设计思想与设计意图，然后选择合适的材料并制作模型。这要求制作人员富有耐心，要有严谨的工作态度，确保模型比例正确。

目前，我国从事建筑模型制作的人员多达上百万，其中20%以上的模型制作人员从事实物建筑模型制作，这批人员中有约70%的人就职于模型制作公司，15%的人就职于各类展台布置装饰、展览公司，10%的人成立了建筑模型设计制作工作室，其余的5%分布于各设计院、设计公司与设计师事务所等。

第二节
明确模型表现细节

在制作建筑模型的过程中，要正确选择缩放比例，要能从宏观与微观上同步考虑模型比例。在确定模型的整体形态、结构后，还要规范好设计的内部细节，规范好相关配饰场景的细节。

一、表现规模

建筑模型的表现规模是指建筑模型所具有的不同的预期体量，它的规模大小主要受制作技术、制作资金、制作场地等多方面的限制。制作资金越多，能够选择的制作技艺也就越丰富，制作建筑模型的规模也就越大。

在制作建筑模型之前，为了确保能够获取比较合理的制作比例，应当提前确定好模型体量范围，并以此作为选择比例的参考（图4-6）。

图4-6　规模较大的建筑模型

注：当建筑模型规模较大时，应当考虑选用较大比例的制作，同时要严格控制细节，如建筑的门窗形态与数量，都应如实制作。

二、材料特性

不同的建筑模型制作材料有不同的特性，这些特性对建筑模型的比例有一定影响。

（1）不同厚度的材料支撑强度不同，用于不同比例的建筑模型。大体量建筑模型，还可通过叠加材料来达到增强模型结构支撑力的效果（图4-7）。

（2）质地较软的材料拥有比较强的弯曲能力，能够压缩和深入加工，适用于体量较小的建筑模型。

（3）材料对于模型比例也有影响。一般ABS板材能够通过切割机加工成模型所需的各种形体，能够满足各种不同的制作要求，适用于1：2000以上的规划型建筑模型，而硬质板材却很难加工成最初设计的形体。

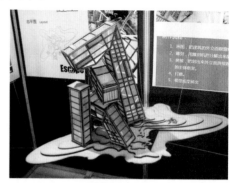

图4-7　建筑模型叠加双层板材

注：悬挂展示的建筑模型对底盘强度的要求很高，可采用硬木胶合板多层叠加方式，在表现模型地形的同时提升了整体承重结构的支撑力。

三、细节程度

建筑模型所要表现的细节程度不同，所选择的比例也会不同。

（1）单体建筑较多时，一般所选用的比例会比较高，展示的单体建筑体量就会比较小，建筑细节部位就不会绘制得太详细。

（2）重点表现单体建筑物时，选用的比例会较低，所展示的建筑模型体量会比较大，建筑的细部构造也会制作得比较详细。

（3）部分建筑模型会运用到杆状形体，要根据模型细节的深化程度来决定如何设定比例值。

（4）建筑模型比例选择还要考虑到模型内家具、树木、车辆、人物等配饰的展示效果（图4-8）。

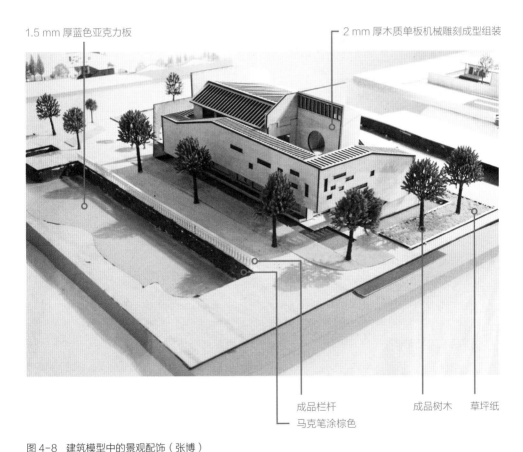

1.5 mm 厚蓝色亚克力板

2 mm 厚木质单板机械雕刻成型组装

成品栏杆

马克笔涂棕色

成品树木　　草坪纸

图 4-8　建筑模型中的景观配饰（张博）
注：建筑模型主体结构的细节表现与周边环境应当一致，木质单板经过机械雕刻后组装完毕，根据建筑造型细节来添加配景。

第三节
准确定位切割

切割建筑模型材料需要根据设计图纸绘制模型轮廓的参考线，绘线时可借助直尺、三角尺等工具。

一、根据设计图纸定位

在定位之前，首先要分析建筑模型的设计图纸，然后再将其拓印或复制至模型制作材料上。由于制作建筑模型的材料种类比较丰富，呈现形态也比较丰富，有梯形、矩形或方形等，因此在定位时要明确切割位置，所绘制的切割轮廓线要与型材的边缘间隔 10 mm 左右，要充分考虑切割磨损空间（图 4-9）。

用自动铅笔绘制轮廓　　　　　用力按压直尺防止发生偏移　　　　　对成品软木条进行切割后黏合

（a）画线　　　　　　　　　　　　　　（b）木条轮廓处理

初稿采用硫酸纸，能透底观察识别

图 4-9　建筑模型定位　　　尽量保持间距一致　　将成品 PVC 板切割成条状后黏合

1. 不同形状的型材定位

矩形型材可以从较长一边开始定位，形状不规则的型材则可以从曲折区域开始定位，这种定位方式能够精准加工模型。

2. 直角形轮廓定位

定位直角形轮廓时，要考虑到转角连接性，要特别注意结构拼装连续性的问题。为了避免材料浪费和减轻后期的切割量，定位时可以将墙体转角连为一体。

3. 圆弧形轮廓定位

定位圆弧形轮廓时，可以使用圆规辅助绘制，绘制过程中要控制好圆规对模型材料产生的压力，要避免因用力过大，导致材料表面出现凹陷圆孔。不同种类的材料要选择不同的工具来定位绘制轮廓线。例如对于亚克力板与金属板等表面比较光滑的材料，可以使用彩色纤维笔来绘制基础轮廓，对于纸质材料，则可选用铅笔来绘制基础轮廓。

二、根据材料选择切割方式

切割建筑模型材料需要制作者拥有比较强的耐心、静心与细心。在切割之前，必须明确不同材料的质地特性，切割方式主要为手工裁切、手工锯切、机械切割、数控切割等。

1. 手工裁切

手工裁切主要依靠裁纸刀、钩刀等刀具切割建筑模型材料，在裁切时还会选用直尺、三角板等辅助工具。这种切割方式可用于切割各种纸质材料、塑料及质地较薄的木片。

对于质地较薄的纸材和透明胶片可选择小裁纸刀，对于质地较硬的硬质纸板、ABS板、PVC板等，可选择大裁纸刀。切割时要注意手部安全，要掌握好裁切的速度和力度，裁切角度也要控制好，对于质地较硬的材料可多次裁切（图4-10～图4-13）。

需要注意的是，无论是质地较软还是质地较硬的材料，在裁切时都要根据材料表面的纹理进行切割。切割时要固定好材料，要确保刀具时刻在锋利的状态中，裁切一次的尺寸范围也要提前确定好，要能根据设计图纸做好相应的裁切规划。

钩刀主要用于裁切硬质塑料板，钩刀很锋利，无须太用力

裁切薄木板时可以将刀片倾斜，无须施加太大压力就能形成较深的裁切痕迹

顺着裁切痕迹能将板料掰开，边缘是整齐的

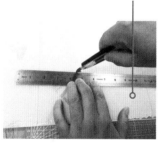  

图4-10 手工裁切塑料薄膜　　图4-11 手工裁切薄木板　　图4-12 手工掰开薄木板

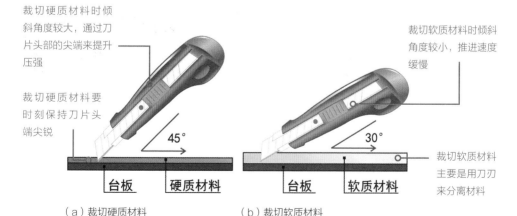

裁切硬质材料时倾斜角度较大，通过刀片头部的尖端来提升压强

裁切硬质材料要时刻保持刀片头端尖锐

裁切软质材料时倾斜角度较小，推进速度缓慢

裁切软质材料主要是用刀刃来分离材料

45°

30°

台板　硬质材料

台板　软质材料

（a）裁切硬质材料　　　　（b）裁切软质材料

图4-13 裁切不同质地材料的要点

2. 手工锯切

手工锯切是使用手工锯锯切一些质地比较坚硬的材料，比较常见的手工锯切工具包括木工锯与钢锯。木工锯锯齿比较大，可以用于锯切木芯板、纤维板及实木板等板材；钢锯锯齿比较小，可以用于锯切塑料、金属等紧密型型材。

在手工锯切材料之前要精准定位，要预留出合适的损耗空间，木材为1.5～2 mm的损耗宽度，金属与塑料为1 mm的损耗宽度。锯切时要固定好材料，控制好锯切速度和力度。针对不同厚度的材料，要选择不同的锯切幅度。材料锯切完成后，要对锯切边缘进行打磨（图4-14、图4-15）。

软质木料选用小型手工锯，锯切速度缓慢，防止型材劈裂或产生毛边

硬质木料选用中大型手工锯，锯切速度快且有力，能提高锯切效率

图 4-14　单手锯切木质棒材　　　　图 4-15　脚踩板材并锯切

3. 机械切割

机械切割主要是使用电动机械切割建筑模型材料，常见的机械切割工具包括曲线切割机和普通型多功能切割机。曲线切割机可切割出任意形态的曲线，使用频率比较高，一般多用于切割ABS板材、木质板材等；多功能切割机主要是利用高速运转的锯条切割模型材料，可用于切割塑料、金属及木材等材料，这类机械多用于直线切割。使用机械切割模型材料时，一定要做好防护工作，要控制好机械运转速度，缓慢加速（图4-16）。

用曲线切割机切割时速度要缓慢，要时刻检查切割轨迹是否偏离了轮廓线

采用硬质铅笔在板材上画线，避免线条过粗、过明显，影响切割的准确度。

（a）在板材上画曲线　　　　（b）使用切割机沿轮廓切割
图 4-16　机械曲线切割

4. 数控切割

数控切割又称CNC，主要包括数控激光切割机与数控机械切割机。在使用切割机之前，首先要在绘图软件上绘制好被切割材料的线型图，然后整理并确认无误，接着将绘制好的图形文件传输给数控机床，最后选择好合适的刀具，开始切割工作。数控切割即是在绘制好的图形上指定相关比例，再输出到切割机中并由切割机执行切割命令，完成切割。切割时只有严格控制输出比例，让图形大小与模型板材大小相匹配，才能得到正确的切割构件。

第四节
依图开槽钻孔

开槽钻孔是建筑模型制作中比较重要的加工技艺，还能辅助模型材料切割，满足各种程度的制作需求。

一、根据需要开槽

开槽是指在建筑模型材料的外表面开设内凹的槽口，它主要起到辅助模型材料切割，辅助模型安装，以及提升装饰效果的作用。

建筑模型制作中常见的槽口主要有 V 形、不规则形、半圆形、方形等几种，KT 板、PVC 板、纸板等轻质型材多开设 V 形槽口或方形槽口。

1. KT 板开槽

在 KT 板上开槽，首先应当根据设计图纸在模型材料表面绘制需要开槽的轮廓，并绘制相应的参考线，注意预留出开槽损耗的空间。绘制时需注意一条内凹槽要绘制两条平行线，且这两条平行线之间的距离应当控制在 5 mm 以内。

参考线绘制完毕即可使用相应的工具开始开槽工作。质地较薄的 KT 板可使用裁纸刀裁切，可先沿内侧的轮廓线切割板材，然后再向外侧划切，注意这两次划切都应保持匀速，下刀力度及落刀深度也都应当保持一致，划痕端口尽量不要交错，以免因划切不当，造成 KT 板被划穿。所开的 V 形槽可用来制作建筑模型的转角部位（图 4-17）。

美工刀在 KT 板上的切入角度无须太准确，30° ~ 60° 均能得到 V 形槽

图 4-17　KT 板上手工开 V 形槽

2. 其他硬质材料开槽

其他质地比较硬的材料可使用切割机辅助开槽，也可使用槽切机床设备进行开槽。在使用切割机切割硬质材料表面之前，要提前确定好开槽的尺寸，要有耐心，慢慢推进材料。要做好基础的安全防护工作，以免开槽时产生的碎屑飞入眼中（图 4-18）。

小型台式切割机功率较小，推入板材速度要缓慢，避免速度过快产生偏移

图 4-18　使用机械切割机为纤维板开 U 形槽

二、选择合适的孔径尺寸

钻孔会使用打孔钳或钻孔机，要根据设计需要选择合适的孔径尺寸。

1. 钻孔工具

（1）打孔钳。可以打出多规格的孔洞，可以满足建筑模型制作的各种需求。所打孔洞包括方形、圆形及多边形等。这类孔洞可用于电路照明、构件连接和穿插杆件等，同时也可用作建筑模型外部的门窗装饰。打孔钳用于电路打孔时，可以很好地提高电路连接的便捷性，同时孔洞也有利于固定电线（图4-19）。

（2）钻孔机。这种机械设备能够有效提高建筑模型制作的效率，主要用于在质地较硬的型材表面钻孔，不适用在质地较软的板材、棒材或块材表面的钻孔。在使用钻孔机钻孔时，要控制好施工速度，要做好基础的安全防护工作（图4-20）。

采用1000号砂纸对不锈钢管的管口进行细致打磨，使其变得锋利，然后在板材上手工旋转钢管，形成对应规格的孔洞

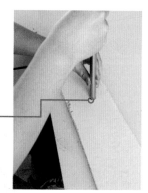

图4-19　在PS板上手工钻孔

机械钻孔效率很高，决定钻孔质量的核心在于定位，可以预先做好标记，钻出浅槽，确认无误后将钻头全部钻入

图4-20　在纤维板上机械钻孔

2. 孔径尺寸

在建筑模型制作过程中，会使用到很多圆孔与方孔。常见孔洞根据规格的不同可分为微孔、小孔、中孔、大孔几种。

（1）微孔。指直径或边长在1~2mm的孔洞，为使用比较尖锐的针锥钻凿型材所得，要确保钻凿所得的孔洞可以直接凿穿。

（2）小孔。指直径或边长在3~5mm的孔洞，首先使用钻锥凿孔洞周边，然后再打通孔洞中央，最后用磨砂棒或砂纸打磨孔洞内壁。

（3）中孔。指直径或边长在6~20mm的孔洞，使用不锈钢管、打孔钳、金属钢笔帽或圆形瓶盖等来获取，不同厚度的材料应选用不同的钻孔工具。

（4）大孔。指直径或边长不小于21mm的孔洞，先使用比较尖锐的工具将孔洞中央刺穿，再慢慢地向周边钻凿，钻凿结束后要使用剪刀将材料边缘修整至平齐状态，最后使用砂棒或者砂纸打磨孔洞内壁，使其平滑。

第五节
结构连接与后期装饰

建筑模型零部件的连接方式较多，主要包括黏结、钉接、插接、复合连接等几种。黏结主要是用胶黏剂粘贴；钉接主要是利用圆钉、枪钉、螺钉等将不同的结构钉接在一起；插接是利用材料加工后所形成的构造特点让彼此相互穿插固定在一起；复合连接是用两种或两种以上方式将建筑模型结构连接在一起。本节将重点介绍结构黏结的要点和后期装饰所包含的元素。

一、结构黏结要点

1. 选择合适的胶黏剂

不同的胶黏剂适用于不同特性的材料，透明强力胶多用于黏结纸质材料和塑料材料，这种胶黏剂黏性强、干固速度快；白乳胶多用于黏结木质材料；硅酮玻璃胶多用于黏结玻璃材料或有机玻璃材料；502胶水则多用于油漆、金属、皮革等材料的黏结。

2. 做好基层处理

在使用胶黏剂黏结模型结构之前，一定要将黏结部位清理干净，要保证粘贴面域表面没有油污、水渍、灰尘、粉末、胶水等污渍。

3. 打磨粘贴面域

清理干净粘贴面域之后，可使用打磨机或砂纸打磨粘贴面域，重点打磨材料质地比较厚实的部位，这样可以更深入清洁粘贴面域，也能有效增加粘贴面域的接触面积，提升粘贴效果（图4-21）。

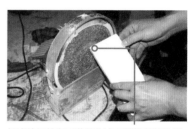

打磨的目的在于获得干净且粗糙的粘贴面，注意打磨时不要降低了材料的结构尺寸

图4-21　黏结前打磨

4. 控制好涂抹量

每次涂抹量要能够完全覆盖住粘贴面域，且涂抹应十分均匀（图4-22）。大面积材料粘贴不能只使用一种胶黏剂，至少要选用两种不同属性的胶黏剂。

双面胶　　　模型胶

图4-22　涂抹胶黏剂

二、配景装饰元素

配景装饰可用于装饰建筑模型，且能够有效地提高建筑模型的美感。常见的配景装饰主要包括底盘、构件、地形道路、水景及绿化植物 5 种元素（表 4-1）。

表 4-1　建筑模型后期装饰元素一览表

装饰元素	分类	图例	特性
底盘	PS 板底盘		①PS 板底盘的质地比较轻，韧性比较好，且不会轻易变形； ②不同厚度的 PS 板适用于不同边长的底盘，如厚度为 25 mm 的 PS 板适用于底盘边长为 600 ~ 900 mm 的建筑模型； ③成品 PS 板切割表面比较粗糙，因此还需使用厚纸板或者其他装饰板材对其进行封边处理； ④电路设施也能轻松插至 PS 板材中，加工与使用都很方便
	木质底盘		①木质底盘质地比较厚，表面平整且纹理丰富，具有比较好的胶黏剂耐受度，且不易变形，通常多选用厚度在 15 mm 左右的木芯板、纤维板或实木板材制作； ②木质底盘的装饰风格要与建筑模型的整体风格一致，可在板材边缘适当地钉接螺钉，以增强底盘的稳固性； ③由金属材料或实木材料制作而成的建筑模型，可选择实木底盘；由 PVC 板、纸板、KT 板等轻质材料制成的建筑模型，可用木质绘图板制作底盘，质地较轻，便于运输； ④为了避免底盘变形，底盘边长大于 1200 mm 的模型应当选择拼块的形式来制作底盘
构件	路牌		①路牌模型要求具有一定的指向性与说明性，主要由路牌架和示意牌组成，在制作路牌时要控制好比例，并调整好路牌的造型； ②示意牌可使用厚纸板制作，小木杆与 PVC 杆可用于制作示意牌的支撑，牌上图片可以通过软件绘制，打印后粘贴到示意牌上； ③路牌架选用灰色，路牌上绘制的示意图一定要符合国家的相关标准，制作路牌的材料颜色也应当尽量与实际相符
	围栏		①比例较小的围栏可通过软件绘制，再打印出来，将其粘贴到材料上并进行剪裁； ②常见的制作围栏的材料有厚纸板、透明有机玻璃板、木质板材或 ABS 板； ③制作围栏时要注意调节好栏杆横、纵方向上的平直度，围栏的体量要符合要求； ④选择成品围栏，真实性比较高，形成的视觉效果比较好
	建筑小品		①建筑小品主要包括假山、雕塑等，在建筑模型中所占比例较小； ②建筑小品具有比较好的装饰效果，可以购买成品模型，也可利用石膏、黏土或塑料、橡皮等来制作部分造型简单的建筑小品
	家具、人物、车辆		①家具、人物及车辆等构件体量比较小，但真实性较高，能够有效提升建筑模型的整体视觉效果，可以购买成品； ②家具、人物及车辆等构件的布局要合理，与主体建筑之间的比例关系要合理

装饰元素	分类	图例	特性
地形道路	地形		①地形可选用 PVC 板或 KT 板制作，注意选择合适的比例； ②可以使用木质材料制作地形，但制作工序比较复杂，需要经过拓印、切割、堆叠等步骤一步步制作成形，为了增强地形的真实感，还可以在叠加的木板表面涂抹石膏或黏土材料
	道路		①建筑模型中规划的道路一般由绿化和建筑物路网组成，建筑物路网多为灰色，制作时要做好主路、辅路、人行道的划分； ②用灰色即时贴纸表示机动车道路，白色即时贴纸表示人行横道和道路标示； ③道路多以笔直铺设为主，转弯处可待全部笔直路粘贴完成后再由直角转换为弯角
水景	仿制水景		①小比例水景可直接用蓝色卡纸剪裁粘贴而成，或将蓝色压花有机玻璃剪裁成符合设计要求的形状，直接能替代卡纸； ②制作大比例水景时要表现出水面与路面的高度差，可将底盘上的水面部分做成雕空的，然后粘贴有色有机玻璃板或透明有机玻璃板，注意使用透明有机玻璃板时需粘贴蓝色皮纹纸或喷漆
	真实水景		①真实水景必须要具备水循环系统和流水灯光控制系统，这能使真水沙盘更具真实感和设计感，灯光与水面相映衬的视觉美感也会更强； ②为了丰富水体效果，可用白蜡制作浪花和排浪，制作时要控制好浪花的间距，可以在水面板材上喷涂不同色彩，以丰富水体颜色； ③适当添加假山、石块、桥梁、船只、岛屿及亭榭等，这些小构件可以丰富真水沙盘的内容，还可使用喷漆喷涂有机玻璃板，注意控制喷涂量，银、铜色喷漆与有机玻璃板搭配能增强水面的反光效果
绿化植物	绿地		①绿地在建筑模型中所占比例较大，色彩多为土绿色、橄榄绿、深绿色或灰绿色； ②使用仿真草皮或草粉制作绿地时，多采用白乳胶粘贴，或直接使用草坪纸； ③在不同材料制成的底盘上粘贴绿地时，要选择不同的胶黏剂，如木质底盘或纸质底盘可选用白乳胶或自动喷胶粘贴绿地，有机玻璃板底盘可选用双面胶或自动喷胶粘贴绿地； ④选择以喷漆的方式制作绿地时，注意选择正确的颜色，喷漆时要用纸张遮住不喷漆的区域，并封闭好纸张边缘
	树木		①可选用细孔泡沫塑料或大孔泡沫塑料来制作树木，大孔泡沫更适合制作树木； ②比例较小的树木可制作成球状或锥状，球状代表阔叶树，锥状代表针叶树； ③用纸质材料制作树木时，要根据树木的尺度和形状来剪裁； ④如果条件允许，应当购买成品树木
	花坛		①花坛在建筑模型中的使用频率不高，但与建筑小品一样具有较好的装饰效果； ②选用大孔泡沫塑料或绿地草粉来制作花坛内部的填充材料； ③如果在花坛边缘处随意设置一些小石子，那么花坛的自然感会更强，环境氛围更别致； ④花坛要能与主体建筑的设计相统一，色彩要有层次感

第六节
电路连接

灯光能够烘托出建筑模型的环境氛围，了解电路连接内容能在建筑模型中将电与光完美结合在一起。

一、电源

建筑模型中常用的电源可分为电池电源与交流电源。在制作建筑模型时，应当根据模型的设计要求、模型规模以及模型设计特点等来选择合适的电源。

1. 电池电源

电池电源主要可分为酸性蓄电池、普通锂电池、太阳能电池板等。

（1）酸性蓄电池。又称可充电电池，可反复使用，酸性蓄电池具有比较久的电能效力，一般供电电压在 1.2 ~ 36 V，使用时要注意用电安全（图4-23a）。

（2）普通锂电池。这类电池适用范围比较广，安全系数比较高，单只电池电压为 1.2 ~ 12 V（图4-23b）。

（3）太阳能电池板。能将光能转换为电能的电源装置，可用于户外展示模型及房地产展示建筑模型等，应用范围比较广（图4-23c）。

（a）酸性蓄电池　　　　　　　（b）普通锂电池　　　　　　　（c）太阳能电池板

图4-23　电池电源

注：在现代建筑模型展陈中，电池供电都是为了应急，解决突发断电状态下的供电。中大型地产模型都选用酸性蓄电池组合，锂电池仅用于建筑模型制作过程中的测试，太阳能电池适用于户外临时展示。

2. 交流电源

我国的交流电源为 220 V 额定电压，它能持续供电，且电压十分稳定，注意用电时要做好安全防护措施。在建筑模型制作中，交流电源多为功率较大的机械设备提供基础电能，如切割机、打磨机、铣床、电动钻孔工具等，大型房地产模型会使用交流电源为照明供电。为了保证使用和制作的安全性，应当用变压器将 220 V 交流电转化为 3 ~ 12 V 的直流电（图 4-24）。

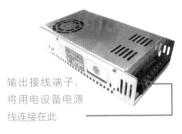

如果没有合适的交流电转换器，也可以选择计算机机箱电源，选购配套接口即可快速插入

输出接线端子，将用电设备电源线连接在此

（a）输出为 12 V、30 A 的整流器　（b）计算机机箱电源

图 4-24　交流电源

二、灯光照明

灯光是建筑模型中一项必备的元素，它能烘托建筑模型的环境氛围，同时也能为建筑模型内部结构提供基础照明。建筑模型中常用的照明方式有自发光照明、投射光照明和环境反射照明等。自发光照明是从建筑模型内部产生光亮，从而达到为建筑模型照明的目的（图 4-25a）。投射光照明是由建筑模型外部及周边产生光亮，然后投射到建筑模型上。环境反射照明则是在整个环境空间内设置环境光，以达到对建筑模型照明的目的（图 4-25b）。

（a）自发光照明　　　　　　　　　　　　（b）投射光与环境反射综合照明

图 4-25　建筑模型照明

注：图 4-25a：自发光照明适用于周边环境较暗的展陈现场，多为商业地产楼盘建筑模型，需营造出神秘、典雅的视觉效果。图 4-25b：投射光与环境反射综合照明适用于住宅小区楼盘建筑模型，方便众多消费者从多角度评析楼盘品质，便于导购员讲解。

第七节
定稿拍摄留存

建筑模型制作完成后，应当拍摄定稿照片，用于建筑模型的宣传，同时也能用作后期分析建筑模型设计特色的书面资料。拍摄时要特别注意构图。

一、拍摄前准备

要展示出建筑模型的设计特色，应当从不同角度拍摄建筑模型，所拍摄的照片要既能体现出模型整体面貌，又能表现出局部细节。

（a）单反相机　　　　　　　　（b）三脚架

图 4-26　专业相机与三脚架
注：图 4-26a：专业相机与手机拍摄质量的区别在于所拍摄画面的景深层次不同，专业相机镜头中的镜片间距更大，能提供丰富自然的景深效果，而手机镜头的景深效果会比较差。图 4-26b：三脚架能提供稳固的支撑，是保障拍摄画面高清晰度的最佳工具。

如果条件允许，应当选用比较专业的单反相机（图 4-26），这类相机有着多种规格的镜头，适用于不同情况下的实体拍摄。在拍摄之前还需明确以下几点。

1. 拍摄模式

为了更好地拍摄出建筑模型的结构特点和设计特色，应当选择光圈优先的拍摄模式。这种模式在任何光照环境下都能清晰表现出建筑模型的细节特点，包括材质特点和色彩特点等，且这种模式适合初学摄影的模型制作者。

2. 拍摄要素

在正式拍摄之前，要了解清楚"景深""色温与白平衡""焦距与视角"等含义。

（1）景深。景深主要指相机的对焦范围，景深出现误差则可能导致模型局部虚化。开大相机的光圈，进行精准对焦后，拍摄出来的建筑模型就会呈现对焦处局部细节特别清晰，而其他部位比较模糊的效果（图4-27）。

（a）大景深 （b）小景深

图4-27 景深对比（李燕君、吴婷婷）

注：图4-27a：相机对焦在建筑模型中的某一对象上，如树木，同时设置大光圈参数，如F2.8，即可得到这种大景深突出重点、虚化环境的效果，适合第一人称视角。图4-27b：相机采用全局对焦，对焦点分布在模型的大部分构造上，同时设置小光圈参数，如F11，即可得到这种小景深兼顾全局的清晰效果，需要在采光充足的环境下拍摄。

（2）色温与白平衡。相机的白平衡功能能够帮助调和模型色彩，当在室内暖色灯光下拍摄时，拍摄画面多为黄色基调，这时可以打开白平衡，色彩效果会显得柔和自然（图4-28）。

（a）灯光下色温效果 （b）经过白平衡后色温效果

图4-28 色温与白平衡对比（梁羽雪、徐群）

注：图4-28a：在室内卤素灯照射下，模型整体偏黄，整体色温偏低，约为3500 K，导致色彩单一，色相无层次感。虽然黄色光环境与家居住宅模型比较匹配，但是仍让人感到视觉单调。图4-28b：打开相机的白平衡自动模式，会对处于卤素灯照射环境下的建筑模型色彩进行强制还原，使色温提升到4500 K左右，获得色彩均衡的视觉效果。

（3）焦距与视角。不同的焦距和视角，所拍摄的建筑模型展现出来的透视关系和形态等也会有所不同，拍摄时要根据拍摄内容的变化选择最合适的焦距和视角（图4-29）。

（a）广角焦距　　　　　　　　　　　　　　　　（b）中长焦焦距

图4-29　专业相机拍摄要素调节

注：图4-29a：将相机镜头焦距设置为35 mm左右，保持一定拍摄距离，画面能囊括全局，但是近大远小的透视感比较强烈。图4-29b：将相机镜头焦距设置为85 mm左右，保持相同的拍摄距离，在画面中仅体现局部，但是透视感比较真实。

二、布置光源与取景构图

1. 布置光源

　　布置光源是影响建筑模型拍摄质量的关键，光线照射到模型表面会产生明暗不均的反差，利用这种光影效果能突出模型的立体感。在正常情况下，普通建筑模型没有安装照明，可以搬至室外拍摄，但是要注意避免阳光直射。在室内拍摄时可以采用普通台灯配合灯具照明，或用白卡纸板、专用反光板打造出反射面，能将光反射到模型上以获得散射光与柔和光。但是要注意，相机中的自动白平衡会不准确，最好用反光板手动调整白平衡。如果条件有限，也可以直接利用自然光，效果并不差。

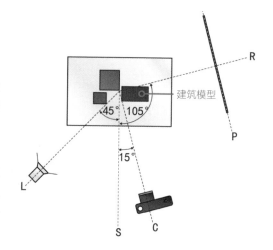

图4-30　建筑模型拍摄布置平面示意图

注：反光板所在的P线与相机所在的C线平行，反光板垂直的R线与标准线S的夹角为105°，灯光L线与标准线S的夹角为45°，相机所在的C线与标准线S的夹角为15°。布置主光源灯时，灯具的位置要根据相机的位置来确定，不要将灯光布置于模型正上方，这样很难表现出建筑模型的立体感。一般选择45°角照射，这样拍摄出来的光影效果最平衡。如果选择平行拍摄角度，主光源灯还可以放在30°角左右的位置上。配置必要的反光板能获得真实细腻的反光效果。

一般不将光源布置在建筑模型的正上方，否则拍摄出来的建筑模型会有大面积的阴影，视觉效果较差（图4-31）。

光源高度较低会形成较长投影，模拟出夕阳效果

（a）高度较低的光源　　　　　　　　　　（b）高度适中的光源

光源高度适中，主要光线照射到建筑模型主要的门窗立面上，照明采光充沛，视野清晰

图4-31　高度合适的光源

补充要点

光源与反光板

在建筑模型拍摄中，如果光源很少，可以使用反光板来模拟间接光源。

（1）只有直接光源。直接光源照射正左侧，不使用反光板时会有明显阴影，迎着光源的部分会被强烈照亮。可以将模型不断变换角度拍摄，这样每个角度均能记录下完美的照片。

（2）直接光源＋远置反光板。直接光源照射正左侧，在距模型正右侧约800 mm处放置反光板，阴影就会变得柔和了。

（3）直接光源＋近置反光板。直接光源照射正左侧，在距模型正右侧约300 mm处放置反光板，阴影就会变得很淡，适合表现材质丰富的建筑模型。但是相机距离模型也要很近，仅适用于局部拍摄。

（4）只有间接光源。只用反射的间接光来拍摄，光会散射开，使阴影更柔和，使模型给人带来柔和的印象，后期可以通过Photoshop等图像软件进行色彩、明暗调节。

2. 取景构图

拍摄建筑模型时，要确保模型始终处于画面中心位置，画面的背景色彩要能与建筑模型的主色彩相搭配。不同建筑模型还需选择不同的构图形式。对于建筑内视模型和规划模型，可选择对角鸟瞰拍摄；对于单体建筑模型，可选择平视拍摄或近距离拍摄；对于概念性建筑模型，可选择拍摄模型的平面和立面效果（图4-32）。

鸟瞰拍摄具有一览全局的效果，但是缺乏细节表现，适用于表现单色模型光影

（a）鸟瞰拍摄（李佳、李心语）

近距离拍摄适合细节丰富的建筑模型，色彩、材质均有明显区分

（b）近距离拍摄（张博）

图4-32 合适的构图

三、拍摄方法与数量

下面是拍摄的一件中等体量的建筑模型的照片。

首先，环绕一周选取最佳视角，拍摄模型全貌 2 ~ 3 张（图 4-33a、图 4-33b）。

然后，在模型 45° 斜侧角与正面对主体建筑构造拍摄 1 ~ 2 张照片（图 4-33c、图 4-33d）。

接着，对细节局部进行拍摄，具体数量根据细节复杂程度来定，一般为 3 ~ 8 张不等（图 4-33e、图 4-33f、图 4-33g）。这时可以考虑放低视角，以第一人视角去拍摄（图 4-33h）。

最后，环绕模型检查补拍遗漏的视角。

（a）高鸟瞰全貌　　　　　　　　　　　（b）低鸟瞰全貌

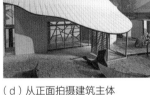

（c）从 45° 斜侧角拍摄建筑主体　　（d）从正面拍摄建筑主体　　　　（e）场景局部 1

（f）构造局部　　　　　　　　　　（g）场景局部 2　　　　　　　　（h）第一人视角局部

图 4-33　苏园古建筑模型拍摄（李澜君、刘文雅）

第八节
建筑模型制作工艺解析

只有通过理论分析和现场实践，才能更好地运用制作材料，表现出建筑模型的设计特色。本节将介绍一系列具有代表性的模型制作技巧，并结合案例解析建筑模型制作工艺。

一、建筑模型制作工艺

下面主要讲解建筑模型的特殊制作工艺。

1. 切割材料

切割材料之前要绘制参考线，绘制时要保证绘制的准确性。根据参考线切割材料时，可选用直尺或方形尺辅助切割，这样切割出来的材料表面会更平整。根据材料硬度和规格选择切割工具，这样能有效避免切割材料时材料断裂（图4-34）。

图4-34 切割材料

2. 熔接材料

熔接材料是指通过加热将塑料材料接合在一起的塑料胶棒，日常生活中常见的方式就是用打火机燃烧塑料胶棒，使塑料胶棒的端头熔化，从而与其他塑料材料连接在一起。在使用打火机时，要考虑到周边是否有其他易燃、易爆产品，室内通风情况如何等。由于燃烧塑料棒会产生比较刺鼻的气味，操作时应戴上口罩（图4-35）。

图4-35 熔接材料

3. 零部件风干

材料剪切成型后需要使用胶黏剂将其黏结在一起。为了加快制作进度，可以使用吹风机吹干建筑模型零部件的黏结部位，适当的热风也能使模型零部件之间黏结更紧密（图4-36）。

4-36 建筑模型零部件风干

4. 模型零部件打磨

建筑模型零部件组装成型后，为了使模型表面视觉感和触感更好，一般会使用砂纸或锉刀对其进行打磨。打磨或锉削时要控制好施工力度，要保证建筑模型表面的平整，可多次打磨，直至达到设计标准（图4-37）。

图4-37 建筑模型零部件打磨

5. 模型零部件剪裁

质地较软的材料，如纸板、薄 PVC 板、薄有机玻璃板以及薄木板等，都可使用剪刀剪裁，尤其是造型特殊，且弧度、曲度较多的构造，使用剪刀会更方便。使用剪刀剪裁规格较小的零部件时，要具有耐心，要能一步到位（图4-38）。

图 4-38　模型零部件剪裁

6. 模型零部件内部打磨

对于有一定厚度的材料，在裁剪完后，还需要检查内、外表面是否平滑，可使用电磨笔打磨材料部件的四角与内边缘，打磨时要控制好力度与速度（图 4-39）。

图 4-39　模型零部件内部打磨

7. 雕刻图形

在雕刻图形之前，要反复审核建筑模型设计图纸上的图形样式、比例、尺寸等是否正确，然后才可以将其数据输入至雕刻机中雕刻。使用雕刻机加工建筑模型能使其外观更精致，结构更具稳定性（图4-40）。

图 4-40　雕刻图形

8. 撒草粉

撒草粉是制作绿地的重要步骤，在撒草粉之前需要在绿地区域均匀地涂抹胶黏剂，在胶黏剂未干之时均匀撒下草粉。草粉可购买成品，也可自行制作。待胶黏剂干固后，用刷子将多余的草粉刷除。若绿地区域内有的地方没有草粉，则应在该区域内重新刷胶黏剂，并再次撒草粉，直至绿地区域完全被草粉覆盖住，绿地边缘应当预先粘贴美纹纸作为遮挡（图4-41）。

图 4-41　撒草粉

9. 电路埋线

埋线不可过于凌乱，要根据电路设计图纸在模型内部或底盘下穿线。要选择质量较好的电线，并避免电线过多交叉，这样也能减少电磁干扰，避免照明效果不稳定（图4-42）。

图 4-42　电路埋线

二、建筑模型制作案例解析：普通大众独立式住宅

一户建是城乡接合部流行的住宅建筑，最初起源于日本，如今在我国也开始流行，这比传统村镇建筑更具有精致感，综合造价却远远低于别墅。下面是设计制作的一款普众型一户建建筑模型，所采用的材料主要为 4 mm 厚 PVC 发泡板、边长 3 mm 的方形实木条、瓦楞纸、牙签等。材料简单，配色具有一定对比性，制作便捷（图 4-43、图 4-44）。

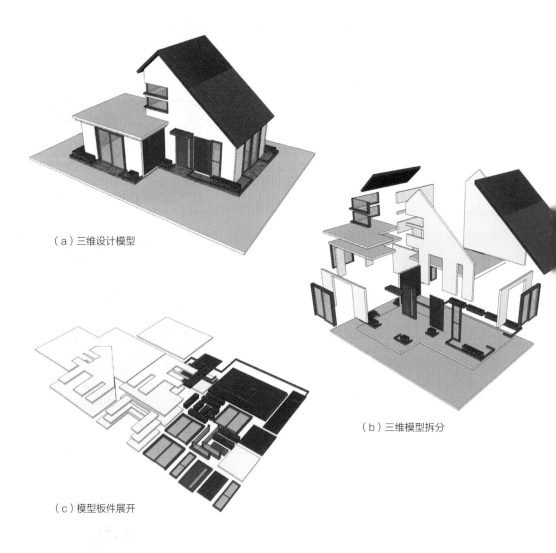

（a）三维设计模型

（b）三维模型拆分

（c）模型板件展开

图 4-43　一户建模型设计

注：图 4-43a：采用计算机三维软件创建建筑模型，前提是要绘制出各立面草图，设定好数据后，再进行建筑模型的设计。图 4-43b：对建筑模型进行拆分，分解的同时对板件进行优化组合。图 4-43c：将拆分后的模型板件展开，根据实际用量选购材料，这样能避免材料浪费。

0.5 mm 厚蓝色
亚克力透明胶片

4 mm 厚 PVC
发泡板

截面边长为 3 mm 的方形实木条

竹牙签粘贴在纸张
上，修剪两端尖头

4 mm 厚 PVC 发
泡板裁切成型

制作门窗框架并
粘贴透明胶片

2 mm 厚蓝
色瓦楞纸

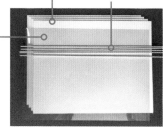 

（a）制作材料　　　　　　　（b）裁切成型　　　　　　　（c）构件制作

图 4-44　模型底盘与支撑制作

注：图 4-44a：根据设计模型计算所需材料，采购后将板材裁切为 A3 幅面，方便后期取用深加工。图 4-44b：采用美工刀对照设计图，将 4 mm 厚 PVC 发泡板裁切成型，用于建筑结构墙体构造制作。图 4-44c：根据比例制作门窗构件和墙顶面装饰板，采用模型胶粘贴后放平待干。

　　组装建筑模型基础框架结构，粘贴时尽量细致，从内向外组装粘贴，逐层拼装直至完成全部造型。最后根据设计图纸，在建筑外墙与屋顶增加装饰板，让木质纹理、蓝色瓦楞纸、局部绿化形成一定色彩对比效果（图 4-45、图 4-46）。

模型胶涂抹均匀

采用美工刀仔细修正墙体内外
角边缘

（a）粘贴墙体构造　　　　　　（b）修正门窗边框

将门窗构造粘贴至门窗洞中

基础结构安装完毕后仔细检查

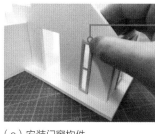 

（c）安装门窗构件　　　　　　（d）建筑基础组合完毕

图 4-45　建筑结构组装

注：建筑结构组装简单，注意横平竖直，所有墙体构件应当先预装，确定无误后再用模型胶粘贴。安装门窗构件时涂胶量应当很少，以镶嵌挤压为主，但是不能不用胶，否则缩胀后会脱落。封顶之前再次仔细检查，确认无误后再封顶固定。

（a）建筑主立面

（b）建筑侧面

图 4-46　细节塑造完成（王璠）

注：图 4-46a：在建筑外围墙角处适当增加仿真草坪纸，并用截面边长为
3 mm 的实木条围合，形成简易的花坛造型。图 4-46b：采用砂纸打磨屋顶
边缘，让建筑造型显得挺括方正。

三、建筑模型制作案例解析：概念办公建筑

办公建筑模型需要反复推敲，需要多次制作模型，为建筑设计方案推进提供蓝本。这里采用4 mm厚PVC发泡板与1 mm厚亚克力透明胶片制作一件小型办公建筑的概念模型（图4-47、图4-48）。

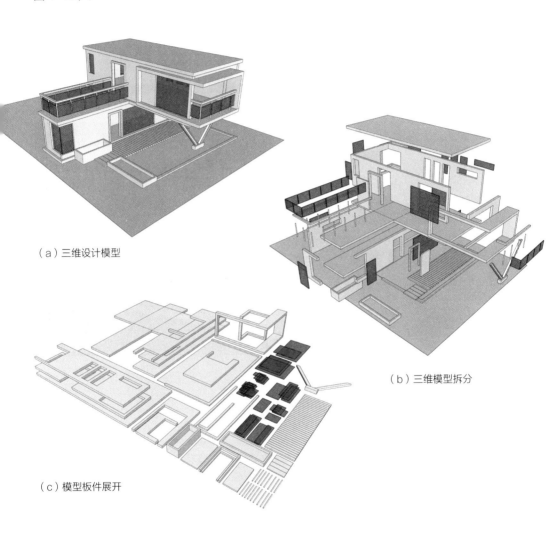

（a）三维设计模型

（b）三维模型拆分

（c）模型板件展开

图4-47　办公建筑概念模型设计

注：图4-47a：在建筑模型设计时注意区分材质，将透明玻璃设计为浅灰色，这样能与建筑主体有所区分。图4-47b：对建筑模型进行拆分，由于建筑模型结构比较复杂，不宜将拆分后的板件分开距离过远，否则在安装时会失去参考价值。图4-47c：板件展开时，对简单局部构造可以不完全分解展开，以方便加工组合。

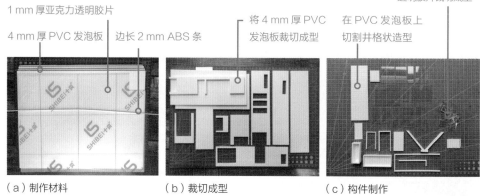

1 mm 厚亚克力透明胶片

4 mm 厚 PVC 发泡板　边长 2 mm ABS 条

将 4 mm 厚 PVC
发泡板裁切成型

在 PVC 发泡板上
切割井格状造型

将 1 mm 厚亚克力
透明胶片裁切成型

（a）制作材料　　　　　　（b）裁切成型　　　　　　（c）构件制作

（d）制作主体结构

（e）检查内部构造　　　（f）组装完成

图 4-48　概念办公建筑模型制作（王璠）

注：图 4-48a：根据设计模型计算所需材料，1 mm 厚亚克力透明胶片切割难度较大，可以先裁切一块测试，如果感到有困难，可以用雕刻机辅助切割，或换用较薄的亚克力透明胶片。图 4-48b：裁切 4 mm 厚 PVC 发泡板，内部的门窗洞口应整齐、方正。图 4-48c：各种构件应当预先制作完毕，避免在模型组装中整补，影响制作效率。图 4-48d：用模型胶将板件材料粘贴起来，形成完整的主体结构。图 4-48e：完成主体建筑构造组装后，仔细检查内部构造是否粘贴完毕，之后再封顶固定。图 4-48f：主体建筑构造形态紧密，搭配底盘安装稳固，在悬挑建筑结构地面上覆盖了 1 mm 厚亚克力透明胶片，模拟出水面效果。

四、建筑模型制作案例解析：多彩建筑

缤纷彩虹糖住宅的创意构思来源于日本的知名建筑"转运阁"，它被称为世界上最花哨的住宅，不但外形奇特，由立方体、圆柱体、球体等多种几何形体结合而成，色彩艳丽，内部也是波澜起伏，色彩缤纷，设计师大胆地将各种鲜艳色彩组合在一起，给人以活泼、轻快的感觉。

整体建筑比较复杂，包括两栋建筑以及连接这两栋建筑的走廊。每栋建筑每层的 4 个窗户，分别朝 4 个不同的方向开启。这 4 个窗户的房间形状分别是 2 个立方体、1 个球体与 1 个圆柱体。此外，转角、走廊、楼顶处还附有大量白色栏杆。

根据建筑本身的特色，采用 1.2 mm 厚的纸板制作立方体，用 φ40 mm PVC 排水管制作圆柱体，用乒乓球制作球体，窗户玻璃采用透明胶片制作，窗框与栏杆都用截面边长为 1 mm 的 ABS 杆，模型的底盘用 20 mm 厚的 PS 板（图 4-49）。

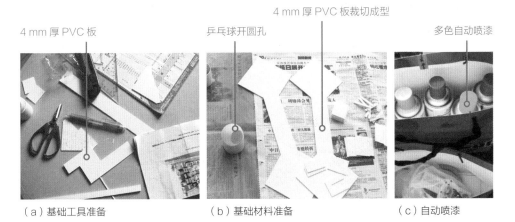

图 4-49　基本材料与工具的准备

注：纸板喷漆时注意要喷涂均匀，可先在备用纸板上进行喷涂练习，锻炼手感，以保证后期喷涂时可以一步到位。裁切模型基础造型时，要确保相同造型的模型尺寸一致。

在纸板上量出待拼装构件的具体尺寸后，使用裁纸刀将板材裁切成型。由于 φ40 mm PVC 排水管的质地坚硬，要利用切割机加工。在乒乓球上开洞口非常不易，要使用塑料瓶盖在球体上定位，再用铅笔在球上勾出圆形，最后用剪刀小心剪下需要去除的部分，用 600 号砂纸打磨边缘。待所有零件成型后开始喷漆，将相同颜色的构件放在一起，同时喷漆可以最大程度节省颜料。喷涂纸板时要用旧报纸垫底，喷涂 PVC 排水管与乒乓球时，要在内侧粘贴透明胶，防止将油漆喷到内部，影响美观。

将喷好油漆的 20 个立方体组装起来，立方体上的窗户玻璃采用透明胶片从内部粘贴。PVC 管与乒乓球上要先用泡沫双面胶在内侧垫 1 圈，利用泡沫胶的厚度将胶片固定上去，并在胶片上粘贴窗框。最后将做好的构件逐一组装起来（图 4-50）。

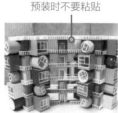

用 ABS 杆制作栏杆　　预装时不要粘贴　　用即时贴纸铺装底盘　　草坪纸铺装

（a）整理构件　　（b）制作栏杆　　（c）预装完成　　（d）制作底盘

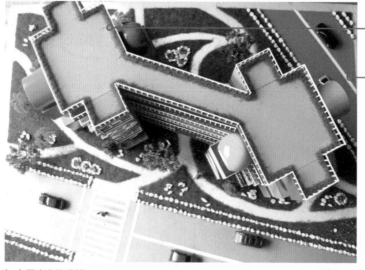

购置成品条形灌木

将窄双面胶覆盖在即时贴纸上表现道路交通

（e）固定主体建筑

图 4-50　制作细节构造

注：粘贴模型基础构造时，可先在模型底盘上用铅笔标注出各构造的大致位置，以免有遗漏。粘贴草绒粉时，可事先在模型底盘上勾勒出需要粘贴草绒粉的具体区域范围，以免出现错误导致返工。栏杆的数量较多，可以将 ABS 杆切割成小段，使用砂纸把每根栏杆的切口磨平后粘贴到扶手上，再将栏杆整体粘贴到模型中的相应部位，注意保持平整度。制作栏杆时间较长，最好一气呵成，避免隔天制作带来形体上的差异。也可以购买成品栏杆直接安装，但是要注意控制比例。

规划出建筑场景，使用自动铅笔在 PVC 底盘上勾画出马路、草地、小区道路的具体位置。在马路上贴灰色即时贴纸，用窄双面胶贴出分道线与斑马线。将双面胶粘贴到即将铺草地的部位，然后在双面胶上撒草绒粉，增加几个小花坛，在场景中插上成品树，配上人物与车辆，整齐放置白色碎石。模型的环境场景应尽量丰富，要与建筑风格保持一致（图 4-51）。

（a）组装成型

（b）摆放瓜米石

（c）配置树木

（d）摆放车辆

（e）制作完成

图 4-51　修饰细节（陈璐 摄影）

注：选择成品装饰树时，注意其与整体模型的比例关系，避免树木过于高大以致影响了主体建筑。花坛数量不宜过多，太多重复单调的物品会给人带来枯燥感，可以适当摆出不同的造型，增添趣味感。选择汽车或其他交通工具时，建议选择当下比较流行的款式，紧跟时代潮流；选择成品装饰人物时，可选择在进行不同操作、有不同动作的人物，这样会使模型更贴近生活，更丰富。

五、建筑模型制作案例解析：酒店卫生间

　　这套样板模型是一家酒店的卫生间，卫生间里充斥着火红色，黑色条纹更增添了时尚的气氛，大面积玻璃让空间显得通透，洁具隐藏在门后，长度近2m的水槽在灯光照射下成为"舞台"中心。

　　整个模型所缔造的空间呈狭长矩形，空间划分较为简单。一侧为封闭的小空间，另一侧为开放的公共盥洗区域。材料多为反光较强的材料，由于内部细节过多，制作的难度也相应比较高。

　　使用4mm厚的白色PVC板制作模型的基层墙体，将深色装饰贴纸附在透明亚克力板上制作成反光较强的地板，红色与黑色卡纸贴上透明胶带表现墙面瓷砖质感，用银色反光即时贴纸制作大幅镜面，透明亚克力板是洗手水池的主材，用ABS棒制作水管，不锈钢门全部采用易拉罐的包装表皮（图4-52）。

4mm厚PVC板裁切造型　　　　　　用模型胶粘贴

1mm厚红黑卡纸粘贴在PVC板表面

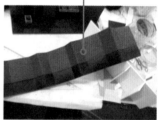

（a）板料裁切　　　　　　（b）板料粘贴成型　　　　　　（c）覆盖红黑卡纸

银色反光即时贴纸　　用PVC板制作台板　　购置成品坐便器　　　成品墙砖装饰贴纸　　用马克笔绘制横线

（d）制作配套设备　　　　　　（e）分墙体制作　　　　　　（f）墙体组装

图4-52　基础构件

注：模型内细节较多，制作时需要有更多耐心。对于盥洗台和坐便器这类小物品，制作时需要保证大小、形状的一致性。可在模型内增加小型花草，能使整个模型更雅致，更符合设计主题。

制作模型墙体部分的 PVC 板比较适合用美工刀切割,根据放样图纸计算后画好尺寸即可切割。亚克力透明板则必须用专用的钩刀来切割,用于制作不锈钢材料部件的铝制易拉罐使用剪刀剪裁易出现边缘卷曲,因此最好使用美工刀切割。值得一提的还有马赛克瓷砖的表现。由于马赛克体块很小,单独制作是很难的。因此,可以将透明塑料胶带纸贴在彩色卡纸上,再用美工刀划出瓷砖分格,注意力度,不能将纸划透(图 4-53)。

4 mm 厚 PVC 板
制作墙体

2 mm 厚装饰玻璃镜面

底盘上覆盖一张
1 mm 厚透明亚克力板

易拉罐铝皮

(a)墙体制作　　　　(b)墙体围合　　　　(c)墙面贴纸装饰　　　　(d)墙体制作完成

图 4-53　拼装与组合
注:注意门洞尺寸,保证各门洞尺寸一致,控制好每个空间的面积,保证比例均衡,注意处理好卡纸模型与底盘的黏结部位,避免出现因黏合不均导致模型两边一高一低的情况。

模型制作步骤应由分到总,先将模型分类制作完毕,再组合拼贴。例如,制作墙体时先将基层按尺寸切割好,再采用模型胶粘贴,然后再将表层装饰沿着基层折叠出痕迹后,附在基层上面进行固定。模型中的推拉门要在墙体与地面固定之前装入墙体底端预留的凹槽中。玻璃镜装入时,由于自身厚度较大,直接贴在墙体表面会严重影响美观,应事先在墙体上开出洞口,将镜面卡进去,最后在墙面背面另外固定(图 4-54)。

  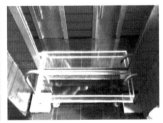

(a)盥洗台侧面　　　　(b)隔间　　　　(c)盥洗台细节

图 4-54　修饰细节(李建华 摄影)
注:就像真实空间需要灯光烘托效果一样,建筑模型也要营造效果。为了模拟射灯效果,可以在模型顶面及地面钻好洞孔,将并联的 LED 灯固定在洞口上,这样就能营造出良好的灯光效果。内视建筑模型的制作要领在于精致,模型体量不必很大,但是一定要提高制作工艺。

六、建筑模型制作案例解析：美式乡村住宅

这件模型的风格以目前比较流行的美式乡村风情为主，顺应当前我国小型建筑、别墅的设计潮流，具有一定的时尚性。模型主要表现建筑的木质墙板、大坡度倾斜屋顶、悬挑走道、烟囱、顶窗等特色构造，在制作过程中强调精细的工艺。建筑模型主体构造并不复杂，主要结构是大坡度屋顶，屋顶上开设的 2 个窗户，需要单独制作。计划在模型中安装电池盒与灯具，为了方便控制开关，可以利用建筑旁边的宠物房，用来放置电池盒（图 4-55、图 4-56）。

补充要点

加热螺丝刀的使用

使用螺丝刀钻孔时，要提前在模型板材上用铅笔标注出孔的位置与大小，加热螺丝刀之后就可以直接钻孔，适用于各种塑料板材。在使用时要注意一次到位，避免多次穿孔造成位置错乱，影响外部美观。

1 mm 厚透明亚克力板

用壁纸包裹 4 mm 厚 PVC 板　　　将瓦楞纸覆盖在 4 mm 厚 PVC 板上　　　加热螺丝刀钻孔

（a）制作墙体板材　　　（b）墙体围合　　　（c）钻电线孔

用截面边长为 3 mm 的木条制作竖向围栏　　　用截面边长为 8 mm 的木杆制作横向围栏与立柱　　　宠物房内置电池盒

（d）安装 LED 灯照明　　　（e）制作台阶　　　（f）制作宠物房

图 4-55　基本材料与拼装流程

注：建筑主体墙板采用 4 mm 厚 PVC 板制作，外部采用 502 胶水粘贴木纹壁纸，壁纸为家居装修的剩余角料，成本低廉。屋顶采用褐色瓦楞纸覆盖，边缘粘贴截面边长为 3 mm 的木条。主要底盘为 25 mm 厚 PS 板 + 4 mm 厚 PVC 板，垫高底盘为 18 mm 厚木质指接板，纹理与木纹壁纸基本一致。为了保持视觉上的稳固，底盘周边采用双面胶粘贴褐色瓦楞纸。整件模型采用强力透明胶、双面胶黏结即可，关键在于木条的截面应打磨方正，控制胶水残留痕迹。电线穿墙时，在墙板的对应部位用加热的螺丝刀钻孔。严格控制窗台、屋檐、栏板、楼梯等木质构造的工艺，制作完成后可以用 600 号砂纸打磨。

由于在模型建筑中，部分内面是处于外部的，因此在包边时要格外注意整齐

在模型基本制作完成之后，要注意打扫碎屑与清理毛边，美式建筑的外观讲究干净利落

图 4-56　修饰细节（杨晓琳 摄影）

注：电线穿墙时尽量走直线，避免交叉，一方面是为了整体的美观，另一方面是为了保证电路顺畅，避免出现短路状况。在整体模型完成之后，要注意对边缘的细节进行处理，不要产生胶水外漏或是毛糙边缘。也可以适当增加一些景观小品，但要符合整体设计的风格。

七、建筑模型制作案例解析：曲面办公楼

这件模型在彩色光线映照下，借着泛碧波的底面显得超凡脱俗。模型、底面、光线三者珠联璧合，使得整个作品大气、清新、流畅。

将完成的模型构件进行组合。由于曲面形体黏合时格外注重拼接的准确性，所以上胶后需要长时间固定。底盘选用质地坚硬的塑料管做柱底支撑，打破传统支撑方式，改用分散的点式来支撑模型。曲线比例设定无论是从模型的手感，还是建成实体建筑给人的视觉感，都非常完美（图4-57）。

绿色皮纹纸

1.2 mm 厚墨绿色瓦楞纸板

（a）制作基础形体

（b）粘贴饰面

银色厚纸板

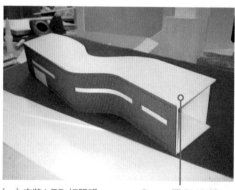

（c）安装 LED 灯照明　　3 mm 厚 PVC 板

（d）安装支撑构件　　φ15 mm ABS 圆管

图 4-57　制作基础构架

注：这是个"大道至简"的作品，构造极其现代，整个模型以立方体、柱体与曲面为构成元素，加以流畅的美感一气呵成。采用 PVC 发泡板制作基础形体，侧面采用瓦楞纸覆面，留空设计为透窗与出入口。制作时注意控制好 ABS 管之间的距离，粘贴瓦楞纸时，注意瓦楞纸与 PVC 板之间不宜有间隙，以免后期瓦楞纸脱落，粘贴银色纸板时注意收边。

将组合的模型按比例叠加，在顶面贴上绿色草坪纸，侧面用蓝色透明胶片装饰。底面选用蓝色透明胶片垫底，营造出海水的氛围。模型底面安装彩灯，灯光通过透明胶片反射到周边的物体上，衬托出模型的灵气与灵动。底面大范围以圆形为元素，选用圆形做蘑菇状的亭台水榭，打破空寂的"碧波"。亭台水榭下面的点状草坪，突出环保理念，让人顿觉清新（图4-58）。

（a）组装构造　　　　（b）铺装草坪纸　　　　　　　　　（c）配景制作

图4-58　修饰细节（董多 摄影）

注：粘贴草坪纸时注意收边，特别是模型曲线处。组合拼装时注意轻拿轻放，避免模型出现不必要的损伤。在建筑模型构造下部安装多色LED照明灯，让灯光向下照射形成反射光效果。

★本章小结

无论是手工建筑模型制作，还是机械加工建筑模型制作，最重要的是选择合适的制作工具和合适的模型材料，并都能根据设计图纸进行材料的加工。建筑模型制作，一是要满足设计要求，要具备美观性和一定的经济价值；二是要能表现出建筑的造型、色彩以及设计含义；三是要能够引发公众对城市建设和建筑建设等的思考。

★课后练习

1. 简述建筑模型制作应当如何选择材料。
2. 分点说明不同建筑模型比例适用的范围。
3. 详细说明制作建筑模型时应当如何选择正确的比例。
4. 简要说明建筑模型制作有哪些切割方式。
5. 建筑模型钻孔时会产生哪几种孔径？
6. 建筑模型有哪些连接方式？
7. 如何进行建筑模型结构黏结？
8. 哪些配景元素能够更好地装饰建筑模型？
9. 怎样才能拍摄出更立体和生动的建筑模型？

5

第五章

手工建筑模型制作

章节导读： 建筑模型的形态千变万化，利用手工工具制作建筑模型的方式相对简单，材料与制作工具使用起来都能很快上手。手工建筑模型制作是一次心与手完美配合的全新旅程，要求能够创造出外形美观、构造平整的建筑模型，在制作时一定要严格参考设计图纸的尺寸，进行剪裁与构件拼接（图5-1）。

图 5-1　手工制作建筑模型（吴刚、高怡娜、路瑶）

注：随着时代发展，手工制作建筑模型也会运用一定的工具与设备，只不过以往很昂贵的设备现在变得便宜了。本章所指的手工制作不再是纯粹的徒手制作，而是合理选用轻便工具辅助加工。这件模型是先采用手动切割机切割墙体板材，再进行手工装配制作的。屋顶、植物、水面仍为手工制作，工具也仅仅限于胶水、剪刀、美工刀等基础手工工具。

第一节
分析模型造型

造型是建筑模型制作的灵魂之一，分析造型的设计含义和设计特点是制作建筑模型的重要步骤。

一、分析模型的制作灵感

建筑模型的造型设计灵感来源于生活和自然，生活中常见的几何图形、动植物造型、光影造型等都有可能成为建筑模型的制作灵感。在制作建筑模型时会参考这些灵感，并在此基础上充分结合建筑学、人体工程学、设计美学、结构美学等理论知识。

分析建筑模型造型的设计灵感可以明确造型设计特点，从而深化对建筑模型设计的理解，这对于后期分步制作建筑模型也有重要的参考意义。

二、分析模型造型的设计特点

建筑模型的造型特点可从建筑模型的分解图、三视图、剖面图、效果图等图纸中分析得来，研究各设计图纸中图形形态、尺寸、结构组成等元素，以明确建筑模型的造型特点（图5-2、图5-3）。

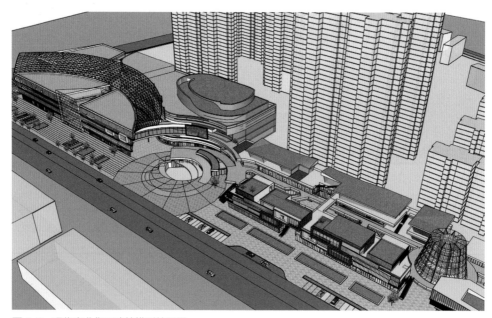

图5-2 现代商业街区建筑模型效果图
注：高层建筑位于小区内部，不是建筑模型设计重点，因此在设计稿中不着色。

图 5-3　仿古商业街区建筑模型效果图

注：仿古建筑注重细节，多选用成品构件，在设计中要考虑能买到的成品构件的尺寸，根据成品件来确定模型制作的比例。

三、分析外观尺寸

　　建筑模型外观尺寸是用于研究建筑模型与实体建筑之间比例关系的重要数据，它不仅对模型造型起到限制作用，而且对模型内部构造的尺寸也有影响。分析建筑模型的外观尺寸，能帮助制作者审核模型是否具有可行性，其结构是否具备稳定性，其设计造型是否能长久存在等。

合理搭配材料

在制作建筑模型时，要根据模型的规模、设计情感以及设计寓意等选择合适的材料（图5-4）。

2 mm 厚软木板手工弯曲成型

桥墩选用成品装饰立柱

用瓦楞纸制作屋顶

购置成品树木

用即时贴纸制作路面

图5-4 材料的搭配

一、材料色彩协调

合理搭配色彩能准确传达建筑模型的设计含义，各类材料在色调上要能够相互协调，模型不同部位所选择的色彩不能出现矛盾。统一色彩能够增强建筑模型整体的视觉美感，同时也能增强建筑模型的真实感和清晰感，对提高建筑模型的设计形象很有帮助。可以选择与真实材料相近的色彩。

二、材料表达的情感和谐

　　不同质地的材料拥有不同的触感，所能传递的设计情感也会有所不同。例如，金属材料会传递出冷静的设计情感，木质材料则会给人一种古朴、厚重的浓烈情感等。

　　比较常见的材料搭配为木质材料搭配 PVC 板材、有机玻璃板等，金属材料搭配有机玻璃板或 ABS 板等。具体搭配形式还需根据模型的整体规格与模型的设计结构来定（图 5-5）。制作者需要根据建筑模型的设计思想来确定所要表现的氛围和情感，从而选择出合适的搭配材料来进行制作。

瓦楞纸覆盖屋顶　　　有机玻璃板制作窗户玻璃　　　木杆修饰边框　　　用木杆制作廊架

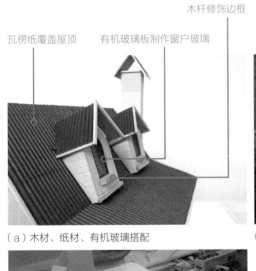

（a）木材、纸材、有机玻璃搭配　　　（b）木材、PVC 板、有机玻璃搭配

用压纹有机玻璃板制作水池

用 PVC 板制作池岸

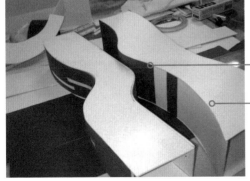

用瓦楞纸覆盖墙面装饰

用 PVC 板制作主体建筑

（c）纸材、PVC 板搭配

图 5-5　不同材料搭配对比

注：手工模型制作应当选择质地较软且韧性较好的材料，注重色彩对比与肌理质感对比，将具有粗糙、光滑、平整、起伏等饰面效果的材料穿插使用，只有让彼此间形成对比才能提升美感，表达设计创意中的情感。

第三节
构件加工与连接

不同材料制作的模型构件，其加工、连接工艺是不同的。本节主要讲解木质构件、金属构件、塑料构件的加工、连接工艺。

一、建筑模型构件加工

1. 木质构件加工

木质构件加工是使用手锯、锉刀、开榫工具等，使材料成为具备一定尺寸和形状的零部件（图5-6）。在这个加工过程中，需要制作者具有较强的耐心和动手能力。

（1）刨削。使用刨刀刨削木质构件的基准面、相对面，可使用平刨或压刨的形式来对木质构件进行加工。

（2）开榫。榫卯结构具有比较好的稳固性，可使用开榫机或刀具根据榫头形状在木质材料上开榫。比较常见的榫头有双头榫、直角单榫以及斜榫等。

（3）修整。木质构件加工完成后，可使用砂纸打磨构件的内表面和外表面，要去除木质构件内、外表面的毛刺和压痕，使其能够拥有更光滑的触感。

图5-6 木质构件加工
注：现在已经很少有人采用榫卯形式来制作建筑模型的木质构件了，只有大比例仿真古建筑模型才会使用这种方式，榫卯结构需要采用电动木工设备进行加工。

2. 金属构件加工

金属构件加工主要是指通过锉削、锯割、钻孔、划线等方式，获取建筑模型制作所需的零部件（图5-7）。锉削是利用相应的锉削工具，如锉刀、磨光机等来打磨金属构件。划线是使用画线笔在金属材料表面划出所需构件的轮廓参考线。

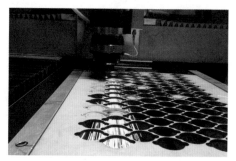

图5-7 金属构件加工
注：如果无法购买成品金属构件，大多数情况下都会用到激光切割机，只有这样才能保证制作效率。

3. 塑料构件加工

塑料构件加工主要是指通过手锯、剪刀、抛光机、电钻、砂纸等工具来实现结合、成型、修饰、装配等工作（图5-8），甚至可以采用3D打印机进行加工。由于塑料材料具有比较差的热导性，弹性也比较差，一旦刀具或夹具对其施加的压力过大，就可能会导致塑料构件出现断裂或变形的情况。因此，在加工塑料构件时，应当根据塑料材料的种类和特性来选择合适的加工工具、加工力度与加工速度。

图5-8　塑料构件加工
注：3D打印是建筑模型制作的主流趋势，设备价格低廉，适合制作各种建筑模型配件。

二、建筑模型构件连接

1. 木质构件连接

木质构件主要通过榫卯连接、螺栓连接、钉连接、构件连接等几种方式进行连接。

（1）榫卯连接。通过榫卯结构将木质构件连接在一起，连接的牢固性比较强，且能增强建筑模型的承受力，但这种连接方式比较耗费材料。

（2）螺栓连接。通过螺栓与木质材料之间的摩擦力来实现木质构件的连接。

（3）钉连接。通过钉子与木质材料之间的摩擦力来实现木质构件的连接，使用时要控制好钉子与钉子之间的距离。

（4）构件连接。可分为木构件连接和金属构件连接，金属构件受力性能比较好，使用频率较高（图5-9）。

（a）木构件连接　　　　　　　　　　　　　（b）金属构件连接

图5-9　构件连接

注：图5-9a：仿古构造模型应当采用1∶1制作，选用软质木料方便加工。图5-9b：金属构件可以选购，也可以自行加工制作，但是要隐藏在模型构造内，一般不外露。

2. 金属构件连接

金属构件可以通过焊接连接、铆钉连接、螺栓连接等方式进行连接（图 5-10）。

 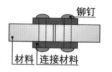

（a）焊接连接　　　　　　（b）铆钉连接　　　　　　（c）螺栓连接

图 5-10　金属构件的连接方式

注：图 5-10a：焊接连接比较简单，损耗率比较小，使用频率较高。图 5-10b：铆钉连接施工比较复杂，这种连接方式能赋予金属构件更好的塑性与韧性，但不太节省材料，目前使用频率较低。图 5-10c：螺栓连接能有效增强金属构件连接的稳固性，根据强度的不同可分为普通螺栓连接和高强度螺栓连接，强度越高，连接效果越好。

3. 塑料构件连接

塑料材料质地比较轻，透明性、绝缘性、着色性、成型性以及耐冲击性等都十分不错。根据这些特性，可选择不同方式来连接塑料构件（图 5-11、表 5-1）。

使用 502 胶、树脂溶液或热熔胶黏结塑料构件，在黏结前将塑料构件表面清理干净，并使其保持干燥的状态，涂抹的胶黏剂要均匀且适量

图 5-11　使用胶黏剂黏结塑料构件

表 5-1　塑料构件连接的方式

连接方式	特点
胶黏剂连接	使用胶黏剂将两个界面黏合在一起，比较适用于连接质地比较轻薄的塑料构件
溶剂连接	使用溶剂将塑料构件端头溶解，然后连接溶解的端头，从而使构件连接在一起
紧固件连接	使用自攻螺丝钉、螺栓以及压入型紧固件等，要控制好紧固件之间的距离
铰链连接	使用铰链将塑料构件连接在一起，灵活性比较高，常用的铰链有单件集成铰链、双件集成铰链以及多件组合型铰链等，根据铰链的不同可选择不同数量的附加件
卡扣连接	使用卡扣将两个或两个以上的塑料构件镶嵌在一起，其中卡扣主要由定位件和紧固件组成，定位件起引导卡扣安装的作用，紧固件则起锁紧卡扣与塑料构件的作用
塑料铆焊	使用高温或高压使塑料构件连接在一起，具体可细分为冷铆焊接、热铆焊接、热气铆焊接以及超声波焊接等，这种连接方式能使塑料构件之间的紧密性更强
热金属丝焊接	使用金属丝通电后产生的热量来熔化塑料构件的表面，从而使塑料构件连接在一起，操作时还应对塑料构件表面施加一定的压力，这样塑料构件之间才能连接得更紧密，注意焊接结束后及时将多余的金属丝裁剪掉，以免破坏塑料构件的造型

配景与细节处理

建筑模型中的配景包含很多内容，如车辆、花草、树木、家具、水景以及路灯等，在制作过程中要协调好配景与主体建筑之间的关系。

一、不同比例配景制作

不同比例模型配景所表现的重点是不同的，要根据整体比例来选择制作材料。以下主要介绍树木、人物、车辆、家具等配景的制作方法（图 5-12、图 5-13）。

图 5-12　树木
注：对于用量较大的树木，多为购置成品树干，在树干表面喷胶后沾染绿色泡沫粉，能降低制作成本。

图 5-13　人物
注：人物多为 3D 打印，可以从网上下载或购买具体三维模型的电子素材文件，只有特殊人物造型才会采用泥塑方式制作。

1. 树木

建筑模型中树木的种类较多，主要包含以下几种：

（1）球体树木。应用比例为 1：1000～1：200，这种树木可使用软木球、橡胶球、钢丝绒、PS 发泡球以及纸球等来制作。

（2）球体、圆柱体树木。应用比例为 1：500～1：100，这种树木可使用有机玻璃板或木材加工成圆棒形。

（3）伞状树冠树木。应用比例为 1：500～1：50，这种树木可使用金属线或纤细的筛网丝或纤维泡沫等来制作，注意确保造型的准确性。

（4）金属线树木。应用比例为 1：200～1：50，首先用老虎钳将金属丝捆紧，然后用钻孔机的套筒来使金属丝紧紧地缠绕在一起，最后根据图纸将树冠部位的金属丝弯曲成设计所要求的形状。

（5）金属丝布树木。应用比例为1：100～1：20，这种树木主要制作材料为金属丝布，首先根据图纸将金属丝布切割成所需的形状，然后在金属丝布中间插上已经捆紧的金属丝，最后根据需要对其进行必要的修整。

（6）销钉树木。应用比例为1：1000～1：500，可用大小适中的销钉来代表树木群落，注意控制好销钉之间的距离。

2. 人物

建筑模型中人物的制作材料较多，如硬泡棉、纸质材料、有机玻璃板、黏土、金属丝、木板、棕榈叶、规格比较小的销钉等。

（1）硬泡棉人物。应用比例为1：200～1：100，制作时可先将硬泡棉切割成条状，然后将其切割成片状，再利用大头针将硬泡棉片连接在一起，最后使用剪刀裁剪出人物的基本轮廓。

（2）纸质人物。其应用比例为1：200～1：100，这种人物形象比较抽象，主要是利用白色的纸张或者其他具有褶皱感的有色纸张以及大头针等制作而成（图5-14）。

（3）剪影人物。其应用比例为1：100～1：20，主要是将杂志或摄影照片中的人像导入到计算机内，通过计算机调整其比例，然后再打印、粘贴到厚纸张或有机玻璃板上，并根据人物轮廓对其进行剪裁。

图5-14　纸质人物（刘静）
注：纸质剪影形态的人物制作起来比较消耗时间，但是在概念模型中能营造出另类的视觉效果。

3. 交通工具

交通工具的精确度比较高，所需要表现的细节比较多，一般多用于1：500～1：200的建筑模型中。通常会选择使用成品交通工具，也可以自行制作（图5-15）。

自行制作交通工具模型时，首先要明确交通工具的比例和轮廓特点，然后选择合适的交通工具侧视图与平面图，并对其进行缩小或放大处理，接着将其轮廓转印到木板或纸板上，最后用锯切的方式将轮廓切割下来，修整后置于建筑模型中合适的位置即可。

图5-15　成品交通工具（安琪）
注：交通工具多为购置的成品件，价格较高，也可以根据需要进行3D打印。

二、明确环境配景与建筑的关系

单件形体较小的建筑规划模型，要侧重表现主体建筑的形态、材质，配景中的绿地和行道树要分区域设置，建筑与建筑之间的树木造型也应当更简单化，这样才能增强主体建筑的存在感。建筑模型与环境配景之间的比例要合适，要根据总体布局以及实际绿化面积来设计树木、花草等的造型，树木、花草等配景的形态要具备美感，且不要与主体建筑产生矛盾感。

1. 单体或群体建筑模型配景

制作形体较大的单体建筑模型配景或群体建筑模型配景时，要选择合适的比例。树木、花草等的表现形式应当简洁化，要能与主体建筑有效区分，不可喧宾夺主，要平衡配景色彩。树木、花草等的形态应当参考主体建筑的比例、制作深度、体量等来制作（图5-16）。

图5-16 单体建筑配景（张博）
注：概念建筑的配景应尽量简洁，以强调建筑模型的空间构成与建筑形体特征为主。

2. 别墅模型配景

对于比例较大的别墅模型，在设计配景时要注重氛围的营造，树木、花草等配景的表现形式可以趋向新颖化和活泼化设计。配景与主体建筑之间要形成比较温和的磁场反应，能给予公众温暖、和谐的感觉，同时在树木、花草等配景选择上应当适当添加亮色，这样能够美化别墅模型的视觉效果（图5-17）。

图5-17 别墅模型配景
注：商业模型的配景应当丰富多样，尽量写实，但是绿化植物不能遮挡主体建筑的形态构造。

第五节
手工建筑模型制作步骤

手工建筑模型制作能反映制作者的动手能力和思维能力，主要步骤为：资料收集→绘制图纸→选择材料和工具→根据图纸加工材料→黏结、组合零部件→修整与保养。

一、资料收集

资料收集是为了让建筑模型更加数据化，收集的资料主要为同类型建筑模型设计图纸，如平面图、剖面图、分析图纸、细节详图等，这类图纸能为建筑模型设计提供灵感，也能为手工制作提供参考（图5-18）。

注意搜集建筑模型所处区域的周边情况，如交通路况、环境情况、河湖情况、地形情况、周边建筑群落的分布情况等（图5-19）。熟悉并了解模型材料的市场情况，如材料的价格和材料的规格等。选择合理的色彩搭配方案，包括整体配色和局部配色等（图5-18、图5-19）。

图 5-18 同类型建筑模型设计图纸
注：同类型建筑模型图纸能够为手工制作建筑模型提供比较有利的科学依据，包括提供制作经验、色彩搭配经验，以及配景与主体建筑如何布局的经验等。

图 5-19 建筑模型周边环境
注：通过分析建筑模型中建筑所处区域的交通情况、水域情况以及建筑层高和布局情况等，能够更明确建筑模型的设计比例以及周边配景的比例和布局。

二、绘制图纸

图纸比例要与模型比例一致，图纸的比例要根据建筑模型需要缩放的尺寸确定，并对图上尺寸加以审核，确保模型各结构的尺寸没有任何错误，才可将其复印到建筑模型的底盘上。图纸绘制要符合规范，使用电脑软件（如 AutoCAD）绘制图纸时，图纸上图形尺寸以及图层、线段等的设置都要符合制图标准。

三、选择材料与工具

图纸绘制结束便可根据建筑模型的规格、质感以及所要表达的设计情感等来选择合适的材料，并根据材料选择合适的手工工具（图 5-20）。

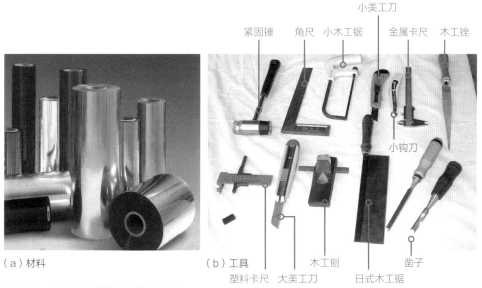

（a）材料　　　　　　　　　　（b）工具

图 5-20　手工建筑模型制作材料和工具

注：锡箔装饰纸常用于建筑模型局部构造点缀。材料品种与工具要尽量齐备，甚至多准备一些，在大多数模型制作过程中，都会有所增补。

四、根据图纸加工材料

使用纸质材料制作主体结构，可以先将模型图纸打印出来，然后粘贴到纸板上，再使用钩刀或者美工刀等工具将模型的零部件剪切下来，最后根据图纸进行组合粘贴。

如果选用厚度较大的泡沫板或瓦楞纸等，则裁切材料时要处理好面与面之间相接的部分，且切割材料边缘时刀与材料应呈 45° 角切割。

加工材料时要有先后顺序，可以先加工出主体建筑的外墙及屋顶等部件，然后加工出细部构件，最后将这些零部件粘贴组合到一起。

五、黏结、组合零部件

零部件的黏接与组合是手工制作建筑模型中比较重要的一部分，直接影响了建筑模型呈现的视觉效果，要根据效果图与平立面投影图来组装、黏结模型的零部件（图5-21）。

（a）单体建筑模型黏结组装

（b）群体建筑模型黏接组装

图5-21　黏结组合完毕的建筑模型

注：但黏结、组合完毕后要将模型放在相对封闭的室内自然晾干，避免风吹日晒，但是要保持一定的光照，这样能让胶水快速固化。

六、修整与保养

制作完成手工建筑模型后，还需对其表面做适当的修整，要保证模型表面的洁净，应当将模型放置于干燥、通风的环境中，并定期保养。具体保养方法为：

（1）将建筑模型放置于洁净的环境中，要避免在太阳下暴晒，阳光会影响模型材料之间的稳固性，对于模型表面的色彩也会有影响。

（2）建筑模型如果置于室内，则室内的温度应当低于35℃，湿度也应当控制在30%～80%，以免出现脱胶和变形的状况。

（3）如果建筑模型中设置有真正的水系统，则应当随时关注水池的水量，一旦出现水源不足的情况，应当立即关闭电源，进行修整。

补充要点

现代手工建筑模型的特征

（1）主体建筑构造所需的板件均由雕刻机加工，选材主要为2～3 mm厚ABS板、有机玻璃板、PVC板、木板等。可通过电商网络平台联系加工商提供服务，前提是将建筑各板件拆解后绘制详细的CAD图形文件，并将其交给加工商。

（2）人物、树木、家具、车辆、LED灯带等配件都购买成品件，搭配简单照明，让建筑模型亮化。这类产品价格逐渐走低，能够被在校学生与中小模型企业接受。

（3）能运用简单手工工具快速组装，使用多种黏合剂达到强力黏结效果，制作周期短，即使是复杂建筑模型，2～3人协作在1周内也能完成。

第六节
手工建筑模型制作案例解析

一、办公空间室内建筑模型制作

　　这件模型表现的是一个现代办公空间，整体设计追求造型简洁，空间通透，设计创意的灵活性很强，制作精致，使用材料普及率高，是建筑室内外创意设计的良好表现方式。制作时间不到15 个小时，适合设计师在创意阶段精细制作，以便能更好地在客户面前展示。

　　在正式制作模型之前，要预先设计好图纸，并将图纸按比例打印出来，打印后可以随时查看图纸上的尺寸数据，即使没有标注也可以根据比例来测量、计算，得到准确的数据，便于模型制作（图 5-22）。制作的模型基础底盘要保持水平，底盘可以选用空心画板（图 5-23）。

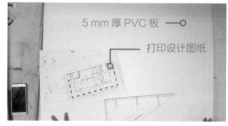

图 5-22　制作准备
注: 设计图纸是模型制作的基础，没有严谨的图纸，在制作过程中会产生很多不确定因素，导致模型变更很大，造成多次返工，浪费时间。

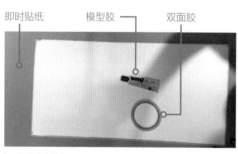

（a）准备材料　　　　　　　　　（b）铺贴双面胶

（c）裁切板材　　将 PVC 发泡板裁切成板条　（d）制作围墙　　　对齐并粘贴成围墙

图 5-23　制作模型基础
注: 在木质板材或其他硬质板材上制作基础，一般会用有色即时贴纸全面覆盖，然后在表面继续粘贴 PVC 板，这样会使基础底盘更平整结实，具有一定厚度的 PVC 板可以钻孔，方便牢固安装各种构件。

模型的主体主要包括多层地面、围合墙体、架空楼板、特殊建筑造型等，这些主要采用 5 mm 厚 PVC 发泡板与彩色图案即时贴纸来制作。即时贴纸可以完全包裹并粘贴在 PVC 发泡板表面，视觉效果良好（图 5-24）。

木纹即时贴纸

灰色即时贴纸

（a）铺贴底盘

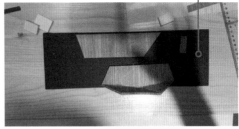

（b）制作建筑构件

（c）组装构件　　　制作较复杂的建筑造型

（d）制作顶棚　　　制作一层顶棚

图 5-24　制作主体结构

注：主体建筑构造全部采用 PVC 发泡板制作，表面粘贴各种颜色的即时贴纸，拼接起来很方便，注意纵向、横向结构的支撑逻辑，不能完全悬空。

建筑模型中的树木、家具、人物、车辆等一般都选用相应比例的成品模型，直接购买后粘贴在指定位置。其中树木的安装比较特殊，可以采用手电钻在基层板材上钻孔，深度 10 mm 即可，再在成品树木的模型底部涂上模型胶，插入到孔中（图 5-25）。

充电手电钻 + φ3 mm 钻头　　　点缀的树木不宜过多，　　　5 mm 厚的围墙顶部采用 1 mm 厚的
　　　　　　　　　　　　　　毕竟是室内环境　　　　　　PVC 边条粘贴收口，这样会很精致

（a）钻孔　　　（b）插装树木

（c）制作角柱

图 5-25　添加树木与细节

注：建筑模型的档次来自精致感，而精致感主要体现在成品树木、家具等构件上，要符合建筑结构主体的整体效果，就要在收口构造上下功夫，将各种材料的切断面遮挡。

仔细制作围墙边角的立柱柱头，这是整个模型边缘上最醒目的构造

模型制作完毕后要静置 24 小时（图 5-26），观察可能出现的构造脱落、板材变形等问题，发现问题及时修补，最后用电吹风将表面灰尘清理干净。如果长期存放而不用于展示，可以将模型用保鲜膜完全覆盖后收藏起来。

（a）全景鸟瞰

（b）纵向局部鸟瞰

（c）倾斜局部鸟瞰

（d）中间构造

（e）二层平台

图 5-26　制作完成后拍摄（牟思杭）

注：这件立体生态办公建筑模型结构简单，不缺乏设计亮点，色彩搭配醒目，具有浅（白色）、中（木纹色、红色）、深（深灰色）三个层次，制作精致，耗费时间短，成本低廉，适合在设计过程中为客户提供中期创意方案展示。

二、别墅住宅建筑模型制作

这件模型采取写实的制作手法，发挥了手工建筑模型制作工艺的高水平。模型材料的品种丰富，后期采用成品构件，能提高制作效率，从制作过程至最终效果，都不亚于采用切割机制作的商业展示模型。

建筑模型主体采用 PVC 发泡板制作，主要门窗采用蓝色磨砂胶片从内部粘贴，蓝色瓦楞纸制作的屋顶边缘采用 ABS 方杆收口，显得非常精致。建筑外墙局部铺贴彩色图案贴纸，使建筑显得更有层次。保留一部分模型的顶盖待最后粘贴，以便随时修整模型的内部构造（图 5-27）。

3 mm 厚 PVC 板
1 mm 厚蓝色亚克力板

（a）基础板材构件

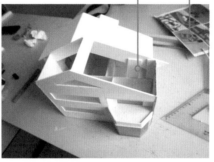

设计图纸
内部支撑为 3 mm 厚 PVC 板

（b）内部构造

蓝色瓦楞纸
地面装饰贴纸

（c）制作室外地面

截面边长为 5 mm 的木棒
截面边长为 3 mm 的 ABS 条

（d）制作屋顶构造

地面装饰贴纸
草坪纸　成品家具

（e）摆放成品家具

1 mm 厚蓝色亚克力波纹板
截面边长为 3 mm 的 ABS 条
墙面装饰贴纸

（f）制作修饰边框

图 5-27　基础制作材料
注：将完成的建筑模型主体粘贴至 PS 板底盘上，在模型周围放线定位，铺贴草皮纸制作草地，将彩色图案贴纸粘贴在 PVC 板上，制作地面铺装道路，采用软质木杆制作建筑小品、围墙等。有选择地购置一些成品构件粘贴到模型场景中。配景制作要特别精致，制作工艺水平甚至要超过建筑主体，才能满足高标准观赏需求。

草皮纸接缝部位可以用绿色草粉铺撒掩盖。树木一般购买成品件，穿透草皮纸，用力插入PS板底盘中即可，树干根部采用强力透明胶作局部固定。彩色且低矮的树木放置在建筑前方，单一且高大的树木放置在建筑后方。将成品绿化灌木整齐地粘贴至建筑外围的墙角处，仔细修剪整齐，最后在整体绿化部分表面均匀撒上彩色海绵树粉作装饰。

　　由于模型的制作周期较长，在制作后期，前期制作的模型构件与配景可能会发生松动或脱落，这时需要使用502胶水再次强化固定。将厚纸板裁切为边条贴在模型底盘周边作装饰。最后使用剪刀、砂纸、裁纸刀将各细节部位重新修整一遍（图5-28）。

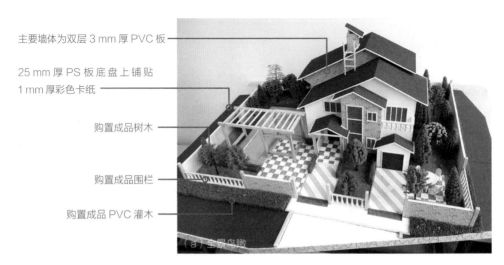

主要墙体为双层3mm厚PVC板

25mm厚PS板底盘上铺贴
1mm厚彩色卡纸

购置成品树木

购置成品围栏

购置成品PVC灌木

（a）全景鸟瞰

用3mm厚PVC板制作游泳池边框，外贴装饰图案贴纸

用截面边长为5mm的ABS方管垫底

（b）车库大门入口　　　　　（c）庭院　　　　　　（d）游泳池

图5-28　制作完成后拍摄（卢永健）

注：本模型的制作材料、工具简单，花费的时间并不多，但是工艺可以无限提高，其展示、收藏的价值更高。因为制约建筑模型品质的核心在于制作者，而不是机械设备。在学习过程中可以借用机械设备，但不能完全依靠设备。

三、复式住宅室内建筑模型制作

　　这件模型为上下两层住宅建筑，整体设计为日式简约风格。建筑模型主体采用 PVC 发泡板制作，主要大型家具构造均采用 PVC 发泡板围合粘贴制作，家具外部粘贴木纹即时贴纸，床、外窗采用方形木杆制作，地面、墙面大量运用成品贴纸，制作成品率高，制作速度快，并在后期安装 LED 灯条装饰。

　　首先根据创意设计绘制全套图纸，并将图纸打印后放在操作台旁，供随时参考。裁切 PVC 发泡板制作模型底盘与围合墙体，备好白乳胶、美工刀、板刷等工具。制作模型基础构造，运用成品装饰贴纸对模型内各界面进行装饰（图 5-29）。

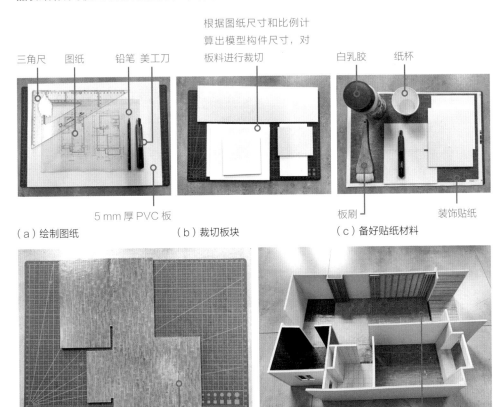

根据图纸尺寸和比例计算出模型构件尺寸，对板料进行裁切

三角尺　图纸　铅笔　美工刀　　　　　　　　　　　　　白乳胶　纸杯

5 mm 厚 PVC 板　　　　　　　　　　板刷　　　　装饰贴纸

（a）绘制图纸　　　　　（b）裁切板块　　　　（c）备好贴纸材料

5 mm 厚 PVC 板表面涂刷白乳胶，粘贴装饰贴纸，并将边缘裁切整齐

在围合的墙体、地面上粘贴各种装饰贴纸，完成主体结构

（d）粘贴装饰贴纸　　　　（e）基础空间制作完毕

图 5-29　制作主体结构

然后开始制作各种家具，主要采用木质方杆与 PVC 发泡板，精准对照设计图纸制作。主要制作逻辑是先围合构造空间，再粘贴外部装饰，要求制作细致（图 5-30）。

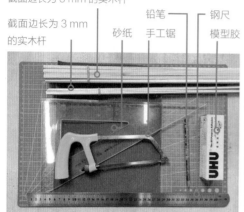

截面边长为 6 mm 的实木杆
截面边长为 3 mm 的实木杆
砂纸
铅笔
手工锯
钢尺
模型胶
木纹即时贴纸
5 mm 厚 PVC 板

（a）备好木质材料与工具　　　　　　　　（b）备好板块与贴纸

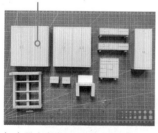

柜体采用 5 mm 厚 PVC 板制作外围构造，覆盖粘贴木纹即时贴纸

（c）卧室家具

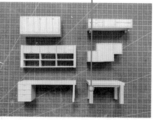

部分家具腿部支撑采用截面边长为 6 mm 的实木杆制作

（d）书房家具

家具表面粘贴即时贴纸后，用铅笔绘制出柜门形态

（e）和室家具

（f）床

实木杆之间采用模型胶粘贴牢固

图 5-30　家具构件制作

（g）楼梯

楼梯用两种规格的实木杆制作，搭配用 2 mm 厚 PVC 板制作的踏步板，表面粘贴木纹即时贴纸

（h）隔断

用实木杆与竹筷子搭配制作木质隔断

最后，将制作完毕的家具、构件依次安装到不同的室内空间中，搭配购置的成品件，将模型室内空间布置完整，并固定安装在底盘上（图5-31、图5-32）。

阳台地面、墙面铺装截面边长为6mm的实木杆，形成防腐木地面

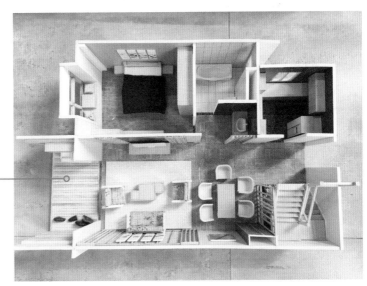

（a）一层室内

床架上覆盖白色泡沫板，其上覆盖深色布料，与米色室内环境形成对比

（b）二层室内

图5-31　室内家具组装

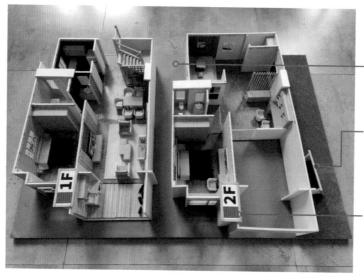

底盘采用一块900 mm×600 mm的空心画板，表面覆盖粘贴一张灰色硬纸板

底盘一侧铺贴草坪纸，与灰色和白色墙体形成色彩对比，并放置模型铭牌

打印出楼层指示文字粘贴到5 mm厚PVC板上，并用截面边长为6 mm的实木杆制作框架修饰

（a）模型整体效果

用截面直径为2 mm的原木杆制作的电视背景墙造型

（b）一层客厅电视背景墙

（c）一层客厅沙发背景墙

（d）一层卧室

（e）一层餐厅

（f）一层卫生间

（g）二层和室

图5-32　制作完成后拍摄（王璠）

二、朴门·玫瑰农庄模型

农庄能为公众提供休闲、娱乐、餐饮及购物等活动所需的场所，农庄的建设能够带动当地经济，尤其是旅游业的发展，部分农庄内部还会设置一些体验项目，如农作物收割体验、农作物采摘体验、农作物耕种体验及烹饪体验等，这些项目能为农庄吸引更多的游客，从而获取更多的收益（图5-34）。

（a）全景鸟瞰

薄木板容易加工，很适合手工制作建筑模型。在制作之前，首先需要分析农庄的设计图纸，并明确农庄内部功能分区，包括行走区域、住宿区域、停车场区域、餐饮区域以及休闲区域等。然后便可将农庄的平面图纸复印到木质底盘上，并使用钩刀加深平面底盘上的轮廓，为后期制作起到参考作用。

屋顶两个斜面的交界处连接紧密，由于一般木质材料表面富有纹理，用于制作屋顶绰绰有余，屋顶的形状则事先依据图纸裁切好，并使用砂纸打磨其四边，这样也能使表面的触感更光滑

部分门、窗直接用木板代替，并在其表面绘制代表门、窗的图案，简单又明了

层层递进的木板很形象地表现出了台阶的形态特征，木板的纹理与模型建筑部分所选择的材料纹理一致

（b）主体建筑

155

白色条纹贴纸代表道路交通标线，
道路颜色与现实道路颜色相近，增
强了农庄模型的整体真实性

（c）庭院外部场景

成品小树更精美，依据建筑比
例的不同选择不同尺寸的树木，
农庄的整体协调感会更强

农庄外墙的高度十分合适，
与主体建筑之间的比例关系
比较协调

不同种类的树木有不同的形
象，如果要在农庄中同时存
在，首先必须考虑这些树木
模型所代表的树木的生长习
性及生长特点，要确认其是
否能够在同一时期出现在同
一区域

停车位本身是平面性的，为
了与模型底盘区分开来，选
择凸起的木质框架会更有记
忆点

（d）停车位

图5-34　朴门·玫瑰农庄模型（袁建文）

156

三、二月半·浪漫雅居闲舍模型

雅居，即希望居所能够拥有浪漫的生活情调。建筑构造不需要过于繁杂，设计风格也不追求奢靡，简单又不失美感是该闲舍模型制作需要达到的一部分要求。在制作时还要注重绿化部分的表现，要协调好绿化面积与整体建筑占地面积之间的比例关系，并自主设定好光照方向，以便能更好地进行配景的布局（图5-35）。

泡沫球

竹纹贴纸

（a）全景鸟瞰

树木与休闲沙发之间的比例十分合理，制作时控制好树木与沙发之间的距离即可

轻薄型的有机玻璃板外罩有很强的透明感，能直观地表现出花房内部的布局特点，花房内部的干花与泡沫球也具有一定的象征意义

蓝色压纹纸能很好地营造出一种波光粼粼的视觉效果，而水景的存在则更能彰显闲舍的休闲感和雅致感

（b）露台

人物模型既可自行制作，也可购买成品，在阳台区域内放置人物模型，能凸显闲舍的生活气息

（c）阳光房

阳台满铺绿色草皮，既令休闲氛围更浓，又符合闲舍的设计主题

（d）水池

图5-35　二月半·浪漫雅居闲舍模型（钟紫馨）

注：轻薄的纸板和木板都很易于造型。首先需将闲舍的设计图纸复印到纸板或木板上，然后画出建筑轮廓，接着使用钩刀或美工刀依据轮廓参考线裁剪建筑构件，最后打磨处理构件并选择合适的胶黏剂将其黏结在一起。要控制好涂胶量，黏结面也必须要保持洁净。

四、社区活动中心模型

社区活动中心是为市民提供休闲、娱乐功能的场所，它的设计要遵循生态平衡的原则，主次功能要分明，要能营造一种自然优美、舒适温馨的环境氛围。社区活动中心所包含的设施主要有广场功能设施、一楼功能设施、二楼功能设施及社区公共活动设施等。在制作社区活动中心的模型时，要明确这些设施的位置和规格，并能将其与周边绿植完美搭配（图5-36）。

（a）全景鸟瞰

木质材料具有比较好的支撑性，是用于制作建筑模型结构比较好的材料，一般木质结构可通过黏结、钉接或榫卯连接的方式固定

此处一层瓦楞纸覆盖在一层5mm厚PVC板表面，纹理和叠加形式能够很形象地展示出建筑顶面特色，在制作时要处理好顶部面与面交界处的黏结问题，两种材料的边缘要裁切一致

社区活动中心庭院景观中的绿植模型一般选用ABS材料制作的成品微缩植物模型，这类模型做工精美，能很好地装饰社区活动中心的内部环境

（b）建筑侧面

规格不一的窗户使社区活动中心更具多样性，同时窗与窗之间疏密有序，能够很好地衬托该区域内的建筑

（c）入口道路

（d）中央花坛

小石子与由泡沫材料制成的石块同样可以起到很好的装饰作用，同时它们与绿植相配，也能成为社区活动中心一道亮丽的风景，有助于更好地营造一种轻松、惬意的休闲环境

图5-36 社区活动中心模型（王薇、尹贝）

注：社区活动中心主要由物质化的建筑组成，绿植主要起到装饰和烘托周边环境的作用。在制作社区活动中心模型时，要能多角度、多层次地分析模型的设计图纸，要能合理地利用瓦楞纸、薄木板以及厚纸板等材料来充分展示建筑的结构特色。

第八节

手工建筑模型赏析

　　欣赏优秀建筑模型作品不仅能广泛了解模型制作领域的现状，还能从别人的作品中找到自己的创意灵感。优秀模型作品要完整，主体建筑与配景陈设要一应俱全，细节与比例要合适，要能正确反映建筑设计的原貌，模型底盘要给人稳固、牢靠的感觉。

　　本节列出的手工模型造型精致，采用 AutoCAD 软件绘制精确图纸，用切割机将各板件从薄木板或 ABS 板上裁切下来，通过手工黏结的方式制作。各建筑构件之间的衔接自然平和，没有拼装时产生的凸凹痕迹，门窗边框粗细一致，配景植物形态统一，排列整齐。如果内部增加灯光照明，一定不能在墙体板材的接缝中看到"漏光"。

　　可以在模型中增加部分创新材料或创新理念，例如变色灯光、遥控照明、可分解的建筑构造等，这些都能提高模型产品的商业价值。要注重模型的制作成本，现代商业模型都有一定的时效性，要尽可能使用普及材料或废旧材料制作，过多的投入会降低市场竞争力。优秀的模型作品能给我们带来无限的启示，它是学习建筑模型制作技术的最好范本（图 5-37 ～图 5-41）。

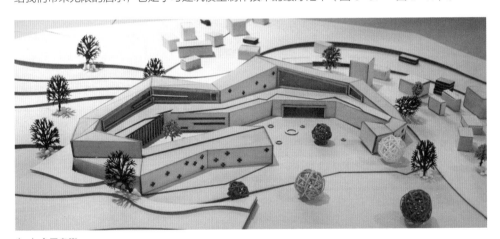

（a）全景鸟瞰

（b）斜侧鸟瞰

（c）庭院局部

图 5-37　对话传统——建筑概念模型（赵璐琦、龙宇）

注：这是一件传统文化展馆的概念模型，模型采用几何式的线条去塑造一种带有流动感的弧状，周围地形的流线型切割与主体建筑相互呼应。以薄木板作为主要建筑材料，其自身的颜色就带有古朴自然的韵味。

（a）全景鸟瞰

（b）主体建筑

（c）弧形游廊

图 5-38　小人国儿童乐园——建筑规划模型（丁润怡、吕相杭）

注：这是关于建筑规划设计的模型，整体采用了 ABS 板雕刻成型，在水面的处理上使用了蓝色透明有机玻璃板，整个建筑模型色调清雅，细节精致规范。

（a）全景鸟瞰

（b）远景鸟瞰　　　　　　　　（c）窗洞局部　　　　　　　　（d）转角造型

（e）地面绿化　　　　　　　　（f）旋转落体　　　　　　　　（g）支撑立柱

图 5-39　空中雪屋——景观建筑模型（方禺）

注：景观建筑模型采用 PVC 发泡板制作主体构造，外部喷涂白色泡沫胶，形成雪的效果，倾斜的透明亚克力圆杆穿过建筑底部作为支撑，底盘上布置绿化植物，采用 ABS 板制作楼梯台阶通往上层建筑，这是一件表现出魔幻感的景观建筑概念模型。

（a）建筑中央

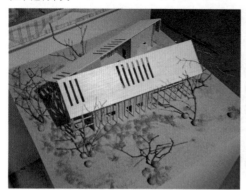

（b）全景鸟瞰

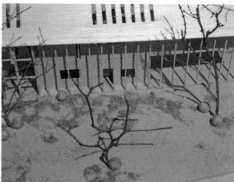

（c）建筑外墙

（d）内部中轴

（e）空间布置细节

图5-40 光的尺度——建筑结构模型（葛晶晶）

注：该建筑结构模型主要采用中密度纤维板与软木片两种材料，对模型的细节处理与结构把握非常到位，在展示中也通过对投射灯光的控制，将模型建筑的光影优势有效地表达出来。

章节导读： 使用机械设备加工建筑模型是当今时代发展的需求，这样能更深入地表现模型的艺术特色和理性特征。在模型的制作过程中，为了使建筑模型具备专业性、精致性、创造性，制作者必须要具备较强的概括力、观察力、想象力，并对机械加工的基本技法十分了解，只有通过这种理性的创造思维，才能创造出完美的建筑模型（图6-1）。

图6-1　机械加工的建筑模型

注: 机械加工的建筑模型制作是在手工制作的基础上，对主体模型构件如建筑体、地面造型等，进行机械加工。绿化、车辆、人物等配景多采用购置的成品件。这些构件最终还是通过人工进行组装。从本质上来看，仍是人工制作，但是机械切割的精准度、效率很高，对模型的品质提升有很大帮助。

第一节
制作前的准备

在制作之前，同样需要仔细研究建筑模型的设计图纸，并根据设计主题和设计特色准备好相应的模型材料和工具设备。

一、分析设计图纸

分析建筑模型设计图纸的目的在于研究建筑模型的结构组成、空间透视关系、建筑与周边环境的关系、比例等。经过图纸分析，在切割材料和组装模型构件时会更具科学性（图6-2）。

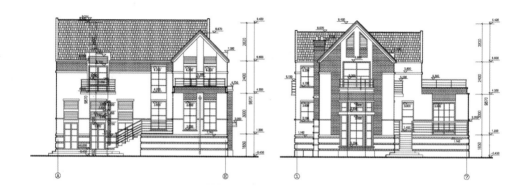

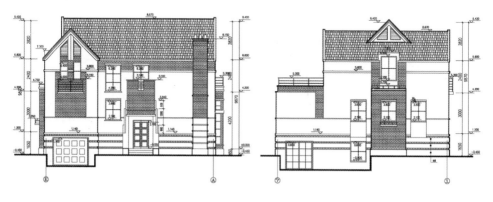

（a）CAD 设计图

（b）三维透视图

图 6-2 分析建筑模型效果图

注：图 6-2a：CAD 设计图与建筑设计方案图基本一致，数据标注都按真实建筑尺寸设定，在输出至雕刻机之前还会将图纸拆解成板块图形，届时再缩小至模型尺寸。图 6-2b：建筑模型的三维透视图多采用 SketchUp 软件制作，结构简单，效率高，并不追求逼真的光影、贴图效果，能清晰表现建筑结构之间的关系即可。

二、准备工具设备与材料

用于机械加工的建筑模型材料种类较多，除基础木料、塑料、玻璃、金属外，还需准备不同规格的海绵、背胶纸、粗鱼线、铜丝电线、直径为 0.5 mm 的漆包线、绒线末、涂料、绒面墙纸、胶黏剂、树木模型、干花、发胶、小彩灯、车辆模型、路灯模型、路牌模型、围栏模型以及其他种类的装饰模型等。机械加工所需的工具可以根据所选的模型材料来定，一般包括曲线锯（图 6-3）、磨光机、喷砂机（图 6-4）、钻孔机、锯条刀等，常用的设备包括雕刻机、喷印机、3D 打印机，常用的设计软件则包括 AutoCAD、犀牛、SketchUp 等。

图 6-3 曲线锯

注：曲线锯可用于切割金属材料和质地较厚的木质材料，它主要由减速齿轮、直流电机、往复杆、平衡板、底盘、开关以及调速器等组成。

图 6-4 喷砂机

注：喷砂机可细分为干喷砂机、液体喷砂机、冷冻喷砂机以及环保型喷砂机等，可用于模型构件表面的清理工作和构件喷漆前的处理工作。

第二节
雕刻机的特性与运用

雕刻机种类丰富，功率较大的雕刻机雕刻比较精细，且板材表面无明显锯齿，板材底面轮廓清晰，平整光滑。目前雕刻机用于建筑模型制作的频率较高。

一、了解雕刻机

雕刻机的使用与计算机软件紧密联系在一起，为了更好地操作雕刻机，应当事先了解雕刻机的相关性能与特点。

1. 系统功能
雕刻机的系统功能具体见表 6-1。

表 6-1　雕刻机系统功能一览表

系统功能	功能含义	系统功能	功能含义
标题栏	显示当前开启的数字控制（Numerical Control，NC）程序文件名和系统的标题名	轨迹跟踪区	主要用于表现对 NC 程序文件加工轨迹的实时跟踪显示以及对 NC 程序文件图形预览的跟踪显示
工具条	以快捷方式显示操作系统的主要功能	代码跟踪区	主要用于显示当前所开启的 NC 程序代码
坐标跟踪区	实时显示当前系统的坐标及其坐标移动轨迹	参数设置控制区	主要用于进行常用参数调整设置和系统控制
状态显示区	实时显示当前系统的工作状态	状态栏	主要用于显示是否触发限位器，同时也能显示当前的文件格式、文件属性等信息
系统控制区	对自动加工进行控制		

2. 雕刻机性能特点

（1）雕刻机为整体钢架结构，这种雕刻机具有比较好的结构刚性，操作时会比较平稳（图6-5）。

图6-5　小型雕刻机

注：小型雕刻机占地面积小，雕刻速度快，适用于中小模型企业。使用时应当将模型图纸分解到对应规格的板料上，经过精确排版后再进行雕刻。

（2）雕刻机能够接受绘图指令和数控加工指令，同时能够与各类雕刻软件相连。但需注意每一款雕刻机都有自己对应的雕刻软件，使用时需对建筑模型图纸的格式进行转换，使图纸能被雕刻软件识别（图6-6）。

（3）雕刻机拥有比较高的运动精度，且传动机的稳定性也比较强，能够快速且准确地雕刻出建筑模型所需的形状。此外，雕刻机还拥有标准直径夹头，一般应当选择配套的雕刻刀具或铣刀进行操作。

（4）雕刻机的变频调速器要配合功率较大的高速变频主轴，这样机器才能按照指令准确行事。

图6-6　雕刻机调试界面

注：每款雕刻机的操作软件都不同，但是大都能接受 .dwt 或 .eps 格式的图形文件，通过 U 盘将图形文件输入到雕刻机中，在雕刻机的操作界面上编辑、输出，完成快速雕刻。

二、雕刻机使用注意事项

雕刻机功能较多，在使用时要协调好使用环境和加工环境，并做好日常保养、维护工作。

1. 机器使用环境

由于雕刻机属于比较高科技的机电一体化设备，因此使用时需将其置于干燥、通风且洁净的工作环境中，同时雕刻机也不可在强酸和强碱环境中长时间工作。

避免将具有强电、强磁等性质的设备，如电焊机和发射塔等与雕刻机置于同一空间内，这会严重影响雕刻机信号传输。

雕刻机应当使用单相三线电源，必须配置接地线，这样能减少其他设备的干扰。使用时的电压要符合规定，要避免电压大幅度波动，最好选用稳压器来维持电压平稳。

2. 软件使用

雕刻机所选用的软件一般为机器所指定的配套软件，设计图纸最初都由 AutoCAD 软件绘制，要将 AutoCAD 软件的默认保存格式 .dwg 转化成雕刻机所能识别的格式，大多数雕刻机会提供格式转换软件。如果没有提供，那么很可能雕刻机是能够认定 .eps 格式的，可以在 AutoCAD 软件中将图纸直接保存为 .eps 格式。

需要注意的是，雕刻机在运行中会雕刻出图纸文件中的所有图形，一定在保存时仔细检查，删除不必要的图形和文字，以免浪费雕刻材料。

3. 加工操作

（1）操作人员。雕刻精度与操作人员的用心程度和对机器操作的熟练程度有很大关系。

（2）刀具。加工精度与刀具本身的特性和材质有很大的关系，在使用雕刻机时一定要选择适合的加工刀具，这样才能有效提高建筑模型的雕刻精度。

（3）加工工艺。加工工艺与建筑模型的加工精度有关，在使用雕刻机时要保证加工工艺的合理性。

（4）机器磨损。雕刻机出现磨损是不可避免的问题，使用时间越长，磨损程度越大，雕刻精度和加工精度也会越低。

4. 保养和维护

由于雕刻机加工时会产生较多粉尘，因此在日常使用中还需定期做好清洁工作，尤其是要定期对光杆、丝杆等部位进行清洁和润滑。

第三节
制作要领与细节

机械加工建筑模型要求制作者能够熟练掌握各类机械加工设备的基本操作手法，对机械设备的运用要做到得心应手，同时还能统筹全局，使建筑模型更具完整性（图6-7、图6-8）。

小型构件采用双面胶或热熔胶临时固定在喷涂台面上进行喷涂

绿植应当在建筑置入前制作到位，以免后期制作破坏主体建筑构造

图6-7　局部喷漆　　　　　　　图6-8　合理布置绿植

一、机械加工工艺要领

机械加工建筑模型是在特定的生产条件下，利用特定的工具设备和加工工艺，将模型材料加工成特定的形态。在这个制作过程中，要学会运用机械加工的技巧，以便能及时调整机械设备的操作参数，创造出更精致的建筑模型。

1. 选用合适的钳口

使用机械加工建筑模型时，要选用耐用性较强的软钳口。可以利用1.5 mm厚钢板和1 mm厚硬质黄铜板，配合埋头铆钉，将这两种板材与钳口固定在一起，从而形成与钳口平齐，能够保护模型零部件的软钳口。

2. 选用合适的旋具

旋具用于紧固或拆卸模型构件上的螺栓或螺母，在机械加工时要选择规格合适的旋具。当所选旋具着力不够时，可利用内径比旋具略大一点的管，将其与旋具合为一体，插入施工槽内，以增强扭矩，降低操作难度。

3. 增强机械加工的吸附性

增强吸附性有利于机械设备更好地吸附建筑模型中的小零件。在使用机械设备之前，应当检验机械设备是否能够正常使用，必要时可借助辅助工具加工。

二、机械加工细节

1. 保持操作界面的洁净

机械设备的工作桌面一定要处于比较干净的状态，备用的锯片、磨光片、钻孔备用物等可置于操作台旁待用，但要注意做好安全防护措施（图6-9）。此外，在更换锯片或磨光片时，应当断掉电源，以免机械设备突然运行，造成人员伤亡。

图6-9 洁净的机械加工区
注：在工作日要求每天打扫加工区，防止灰尘、杂物进入设备中。

2. 要做好对制作材料表面的处理

使用机械加工建筑模型时，首先必须确保模型材料表面没有钉子或螺丝，也没有明显的凹陷区域；其次需要使用相关工具对这些模型材料进行基础的裁切、剖切或锯切，以便更好地适用于机械设备加工（图6-10、图6-11）。

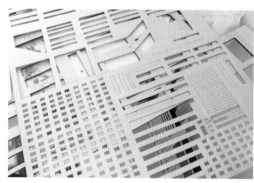

图6-10 沿轮廓获取模型零部件
注：在软件中将图形根据板料尺寸排版后再输出雕刻，以免浪费材料。

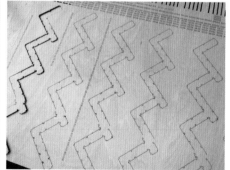

6-11 裁切后板面保持平整
注：异形板料雕刻应当适当设计连接点，防止在雕刻过程中脱离母板，被雕刻刀头触碰导致损坏。

172

3. 做好安全防护工作

在制作建筑模型的过程中，谨慎对待机械设备的操作（图6-12）。在操作切割、钻孔、打磨等机械时，禁止戴织物手套，以免锯片、钻头等器械将手套卷入设备，对人员造成伤害。

图6-12　用曲线锯对板材进行锯切

注：使用曲线锯加工时应当缓慢，不能急躁，用手扶稳板料的手与切割锯片保持30 mm以上距离。

4. 材料切割要精准

要保证建筑模型的美观性，在使用机械切割材料时必须严格按照要求施工，材料的切割参考线绘制要精准，切割所选用的刀具要合适，切割平台也必须干净、平坦，对于特殊造型构件仍需采用手工修饰处理（图6-13）。

图6-13　用美工刀对PVC板进行倒角削切

注：用美工刀削切PVC板便于倒角时，尽量保持45°角，当然也不必强求，后期可以用砂纸打磨修饰。

5. 正确使用工作台面

使用机械加工建筑模型时，不可同时使用横、纵台面，已经切割的材料必须与机械设备隔离开来，否则容易与锯片相撞，导致锯片受损，材料断裂（图6-14）。

图6-14　绳锯切割与工作台面

注：绳锯适用于密度较高的木料、塑料材料的切割，但是锯条较细，容易断裂，操作台面应当保持干净，避免杂物与锯条发生接触，造成锯条损坏。

6. 注意小构件的加工

（1）加工规格较小的模型构件时对其的握持力小，且容易倾斜，因此使用机械横向切割模型小构件时，应当选用质地轻薄且四边平整的木板，以便能够在横向延长模型构件，并以此增强对模型构件的握持力。此外，在机械施工时还需控制好锯片的伸出长度，一般应超出模型构件 6～10 mm。

（2）使用磨光机或锉刀打磨建筑模型小构件表面时，可选择使用木板来辅助加工，这样也有助于控制住模型构件，使其磨光工作能够稳固地进行下去（图6-15）。

图 6-15　小构件打磨

注：使用磨光机打磨完小构件后，还需用锉刀再次细化构件细节，一般可使用夹持工具将小构件固定在工作台上，使其与工作台面呈垂直关系，然后再用锉刀打磨构件，直至形成平整且光滑的表面。

7. 磨光机使用方向要正确

磨光机的转动方向是垂直向下的。在打磨模型构件时应当只在一侧打磨，如果同时在另一侧也进行磨光工作的话，可能会导致磨光机的磨屑被掀起，模型构件断裂的状况（图6-16）。

图 6-16　磨光机打磨

注：在使用磨光机打磨构件时，需来回摇动模型，这样能够避免摩擦时产生的热量灼烧模型表面，出现烧焦或凹槽等不好的现象。

补充要点

雕刻机选购

首先明确雕刻机的工作性质，要根据材料的大小、材质、厚度、重量、雕刻要求、雕刻效果等来选择雕刻机。然后要根据需要选择不同的型号，并安装相对应的软件。最后在正式购买前观察雕刻样品，并选择几种样品材料现场雕刻，观察雕刻时的工作效果和最终雕刻效果。

第四节
装配成型与修饰

装配，即将模型构件按照设计图纸组装在一起，并不断对模型结构与外表面进行调试。修饰，是指对模型的修整和装饰，这需要制作者具备较好的耐心与较高的审美眼光。

一、建筑模型装配要点

建筑模型的装配工作一般可分为部件装配和总装配，主要包括基础装配、后期调整、模型审核、模型涂装、模型底盘包装等工作（图6-17）。

（a）建筑模型构件组装　　　　（b）建筑模型局部涂装　　　　（c）建筑模型底盘包装覆面
图6-17　建筑模型装配过程
注：图6-17a：ABS板采用丙酮胶黏合，无明显胶黏痕迹，组装黏合时要严格保持横平竖直，对照图纸在模型构件底部编号，方便后期在对应位置安装。图6-17b：多色喷漆时要将其他色彩部位用美纹纸粘贴覆盖，防止误喷其他颜色导致污染。图6-17c：模型底盘多采用细木工板或中密度纤维板制作，制作方式与常规家具类似，只是外部装饰根据模型内容来定。本图的模型展台为军事沙盘模型，因此选用数码迷彩布覆盖，采用白乳胶将其粘贴到底盘板材表面，周边转角至内侧采用U形气排钉固定。

1. 基本条件

建筑模型装配要满足两个条件，一是要明确模型构件的安装位置和连接方式；二是要固定好建筑模型构件，且该构件具备可调性。

2. 装配方法

装配建筑模型时要确定好装配顺序，常用的装配方法可细分为调整法、修配法、互换装配法以及选配法等。

（1）调整。侧重于提高装配精度，即在装配时使用调整件来加强模型构件的稳固性，常用的调整件有螺纹件、斜面件等，这种方法适用于规格较小、结构比较复杂的建筑模型。

（2）修配法。使用锉、削、刨以及磨等工艺手法来改变个别模型构件的形状、规格等，以使其能够满足设计所需。这种方法装配效率比较低，且人工成本高，对操作人员的专业要求较高。

（3）互换装配法。使用同类型构件来达到装配的目的，使用频率不高。

（4）选配法。在装配时要根据模型构件的结构特色和设计图纸，将彼此相连的模型构件置于同一处，这种装配方式能够有效节省施工时间。

3. 装配工艺

建筑模型常见装配工艺主要有清洗、修补、平衡、黏结、刮削、螺纹连接、焊接、铆接、绲边、校正等，这些装配工艺能够满足模型的不同材料和结构的塑造需要。

（1）清洗和修补。在建筑模型装配之前，应当对模型构件与底盘进行基础清洗、修补。为了确保装配的紧密和牢固，必须要对模型构件表面进行检查，如有污渍或凹陷，应当及时做适当修补，要根据模型材料的特性选择清洗方式和修补方式（图6-18）。

图6-18 清理底盘台面灰尘

注：中小型鼓风机是清除模型台面残余边角料的最佳工具，工作效率高，同时还能检查模型构件的安装牢固度，及时发现黏合不佳的树木、人物、车辆、草坪，及时补胶修复。

（2）平衡。注重检查建筑模型的构件四边是否平整，是否能够与其他构件稳固连接在一起。在装配过程中，要参照设计图纸及时调整模型构件的安装位置，以取得整体平衡（图6-19）。

图6-19 模型构件黏结平整

注：形体结构较长的建筑模型构件，应当摆放在玻璃台面上组合黏结，防止因台面不平导致组装变形。

（3）黏结。一般纸质材料、轻薄塑料、木料等都可选用这种装配方式，部分金属材料也会选择该种方式。在装配之前，根据材料特性选择合适的胶黏剂，一般采用热熔胶（图6-20）、万能胶。机械制作建筑模型多会选用成品树木，在黏结这些树木之前，应当将黏结面和被黏结面都清理干净，并在树木底部涂抹合适的胶黏剂，待树木固定后，还需将多余的胶黏剂清除掉，注意黏结过程中树木不可歪斜（图6-21）。

热熔胶枪口很烫，容易破坏已完成的模型构造，因此要备一块厚板垫在下部

挤压溢出的热熔胶不宜过多，也不要用手或工具抹除，以防止出现拉丝

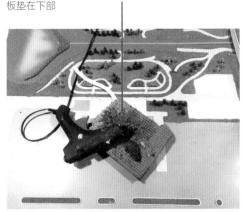

图6-20 采用热熔胶黏结树木
注：热熔胶的平面黏合能力不强，主要用于插接、安装形体较大的树木。预先采用电钻在底盘上钻孔，再将少许热熔胶涂抹到树木底端，迅速将树木插入孔中，热熔胶能瞬时干固。

图6-21 树木黏结时应保持垂直
注：插入树木时应保持垂直，每插入一棵树，至少应当在两个角度观察其是否垂直。

（4）刮削。在装配前对模型零构件表面进行必要的刮削加工，以保证装配的配合精度。由于材料不同，多为手工处理，有时也会选择精磨和精刨等方式来加工构件的装配面（图6-22）。

（5）螺纹连接。利用扳手、气动工具、电动旋具、液压旋具等工具来紧固各种规格的螺纹件，以此来实现装配建筑模型的目的。

图6-22 采用美工刀刮削、雕刻板料边缘
注：在机械雕刻中，部分硬质材料需要待雕刻完毕后精修，主要为PC板、厚有机玻璃板等，也可以换用高强度雕刻刀头进行加工。

（6）校正。这也是审核建筑模型装配效果的过程，需要应用各种测量工具测量出建筑模型的构件规格是否正确，各构件的配合面形状是否精确，以及各构件的安装位置是否准确等（图6-23）。

图6-23 校正摆放位置

注：每个模型构件组装并喷漆完成后，应当根据图纸编号进行预摆放，确定无误后再粘贴固定。部分大面积建筑模型需要在展陈现场内组装，以免在运输过程中损坏。

二、建筑模型修饰要点

建筑模型制作完成后是需要被展出的，它需要具备一定的经济价值和设计价值。修饰的目的是完善建筑模型，使其具备更高的综合价值。

1. 修整顺序要确定好

建筑模型囊括的内容较多，如单体建筑、桥梁、绿地、树木、花坛、水池、座椅、汽车、路灯等，合理的修整顺序能够有效提高修饰模型的工作效率，也能避免漏项。一般常见的修整顺序包括由主到次、由左到右，也可根据模型元素的不同进行分类修整。

2. 修整要有条理

建筑模型的修整工作通常不能很仓促，需要制作者缓慢且有条理地进行。修整时要注意保持模型构件的基础形状，构件尺寸需符合设计规定。在进行模型构件修整时不可改变其形状，否则不仅会破坏建筑模型的整体构造，而且对于建筑模型整体的稳固性和美观性会有很大影响。

3. 选择合适的喷涂材料

不同性质的喷涂材料有着不同的浸透性。在喷涂建筑模型构件时，应当根据制作材料选择合适的喷涂材料，喷涂颜色应当符合设计要求（图6-24）。

（a）建筑模型上色前　　　　　　　　　　　　（b）建筑模型上色完成

图6-24　建筑模型上色修饰

注：图6-24a：给模型上色前不安装内部窗户上的有机玻璃板，喷漆完成后再安装。喷漆前要修饰边角毛刺，避免油漆挂流。图6-24b：喷漆后安装窗户上的有机玻璃板、窗台围栏、空调罩围栏、阳台围栏等构件，喷漆为聚酯漆，色彩丰富，价格低廉，附着力强。

不同种类的喷涂材料特性如下：

（1）聚酯漆。这种涂料有很好的显色性，适用的材料种类也较多，使用比较方便，一般由塑料材料制作而成的模型构件多选用该种涂料上色。

（2）丙烯酸漆。它是常见的自动喷漆的主要原料，这种着色剂颗粒细腻，能渗入到材料的纤维或气孔中，着色效果较好，有油性与水性之分，一般水性着色剂不适用于木质材料喷涂。

第五节
机械加工建筑模型制作步骤

机械加工建筑模型的过程是十分严谨的，依照特定的制作步骤能够在有限时间内完成模型制作，同时也能减少误差和漏项，能大大提高机械加工建筑模型的制作效率（图6-25）。

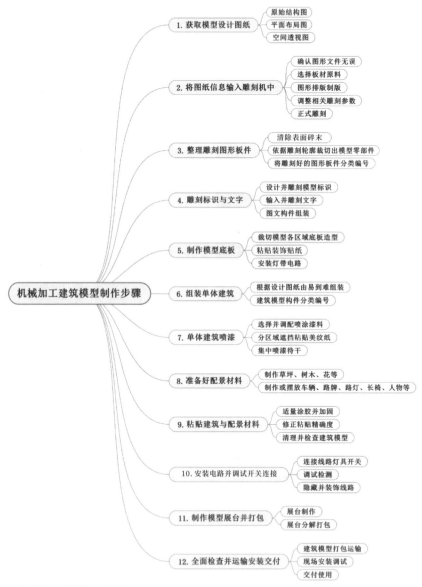

图6-25 机械加工建筑模型制作步骤

注：机械加工的设备与板料价格较贵，生产成本相对较高，因此需要一套严格的步骤来指导建筑模型制作。遵循步骤可以避免出现不必要的错误，降低犯错成本，提高效益。

一、工厂园区建筑模型制作

工厂是用于生产货物的大型工业建筑物，一般占地面积较大。由于大部分工厂会带来污染，因此工厂选址多位于城郊地区，工厂园区内多会配置生产区、住宿区、休闲区、绿化区等。在制作工厂园区建筑模型时，要有良好的大局观念，要调节好建筑模型的比例与楼间距等，绿化面积在整体模型中所占的比例要合理，整体模型在视觉上一定要平衡（图6-26）。

（a）在雕刻机内输入图纸信息

（b）调整好数据后开始雕刻

（c）取出雕刻好的图形，待用

（d）取出雕刻好的建筑标记，待用

（e）取出雕刻好的文字说明，待用

（f）用刷子清除图形上的碎末

（g）安装泡沫造型板和灯带

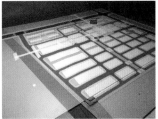
（h）粘贴模型底盘饰面

（i）涂刷胶黏剂，撒下草粉

（j）用刷子扫除多余草粉

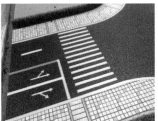
（k）打印道路并粘贴

（l）根据图纸布置绿植

（m）组装单体建筑

（n）准备好喷涂材料

（o）使用喷枪给建筑上色

（p）根据需要裁剪 PC 板做窗户

（q）粘贴窗户并完善建筑物

（r）粘贴安装建筑物

（s）根据图纸布置建筑物

（t）放置人物模型

（u）核验电路，安装开关

（v）底盘制作完成，检查灯具亮度和是否有遗漏项，无则可交付使用

图 6-26　工业园区建筑模型制作步骤

二、飞机场规划建筑模型制作

飞机场设计主要包括飞行区、航站区、工作区、塔台无线设施区、气象设施区、供油设施区、机务维修区、消防急救区、进场道路区等，要明确这些功能分区的位置，并能合理布局。在制作飞机场规划建筑模型之前应收集相关的设计资料，例如，飞机场未来航空业务量，飞机场的发展规模和规划要求，飞机场主要设施各自应占的比例，飞机场的平面布局图，飞机场及周边区域的土地规划情况，飞机场的绿化面积要求，飞机场的绿化布局要求，以及飞机场模型制作的投资预算等。模型具体制作步骤如下（图6-27）：

（a）输入图纸信息，并调试

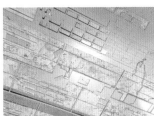
（b）取出部分雕刻图形，待用

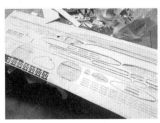
（c）处理好的部分雕刻图形，待用

（d）组装单体建筑

（e）准备窗户模型

（f）建筑组装完毕，待用

（g）为建筑上色

（h）选择合适的绿植并粘贴

（i）准备飞机模型，待用

（j）裁剪合适的草皮，待用

（k）根据图纸归置建筑物

（l）粘贴飞机模型并规整建筑

（m）根据图纸安装剩余路边线　　（n）完善绿化，并安置车辆模型　　（o）安装电路并检查

（p）制作底盘　　　　　　　　　（q）底盘包装　　　　　　　　　（r）制作文字说明牌

（s）制作完成，检查灯具亮度和是否有遗漏项，修整后交付使用

图6-27 飞机场规划建筑模型制作步骤（宏图誉构模型）

第六节
机械加工建筑模型作品解析

解析建筑模型的目的在于分析模型的设计图纸，同时也是为了分析模型内部建筑、绿植、河湖等的布局。

一、教育培训建筑模型

学校是对受教育者进行系统教育培训的机构，同时也是传递知识的场所，根据教学内容和投资金额的不同，学校的规模也不同。在模型制作之前，要了解并分析该学校所要承受的学生数量，学校内应当具备的功能区域以及周边交通路网情况等（图6-28、图6-29）。

学校内部应当包含教学区、住宿区、餐饮区、图书阅读区、操场、休闲区以及绿化区等，这些在模型中应当能够明确地表现出来

模型中河流与道路之间的交叉关系要处理好

建筑群落之间的距离也要控制好，不可太过拥挤

图6-28　职业学院新校区模型（宏图誉构模型）

学校的建设除基本建筑设计外，还需注重绿化设计，这也是为了体现学校的生态化特征。大面积的绿化可选用草皮制作，小面积的绿化则可选择撒草粉。无论是草皮还是草粉，都不可超出设计规定的绿化范围

绿化与建筑的交界处必须衔接紧密

图6-29　交通学校局部模型（宏图誉构模型）

二、商业新街区建筑模型

　　商业建筑可以为公众提供各种类型的经营活动，如餐饮、珠宝销售、日用品销售等。这种建筑一般楼层较多，功能比较齐全，选址多在周边居住人群较多、比邻主干道、经济条件尚可的地段（图6-30～图6-33）。

该模型所要表达的内容比较多，如大型超市、各类日用品销售商店等，同时模型中还要能营造出夜间灯火通明的感觉，这能很好地烘托模型的商业氛围

使用各种LED灯或者低压灯泡等来制作五光十色的夜间场景，配合路上的行人、车辆以及商店外的喷泉等模型，整个建筑模型都生动起来，真实感和与公众的互动感也就更强了

图6-30　光谷天地商业区模型（宏图誉构模型）

建筑顶部的外射光通常会选用LED灯制作，这种灯光可以很好地突显出建筑的轮廓特色，同时这种不刺眼的白光也不会使模型材料的色彩或材质特征发生改变

广场内的休闲座椅、人物、车辆等模型分布合理，造型精致，能够很好地彰显该广场设计所要表达的氛围，即在玩乐中实现购物的目的

图6-31　中核世纪广场商业区外部构造模型（宏图誉构模型）

购物广场内部分层较多，结构比较复杂，在制作广场模型时要明确模型内部空间的结构特色，并选择较薄的ABS板制作

广场内曲形商店外部采用了有机玻璃板，既美观，又具有比较高的透明度，广场内顶棚同样用有机玻璃板制作，配合造型精美的ABS板材，高雅又大气

图6-32　中核世纪广场商业区内部构造模型（宏图誉构模型）

地面板材为两层，第一
层是透光PC板，灯
光安装在板材下部，第
二层是由不透光的有色
ABS板雕刻成型的，具
有反光效果

建筑内部灯光排列应
当均衡、整齐，形成
建筑灯光装饰最重要
的环节之一

在树木下部安装绿色
LED灯，能衬托出
绿化照明效果

建筑顶部的太阳能板造
型应当细致，采用雕刻
机统一制作，比例、尺
寸应当严格参照真实太
阳能板制作

（a）入口立面 （b）全景鸟瞰

图6-33 商业区剧院建筑模型（宏图誉构模型）

三、住宅区建筑模型

住宅区建筑模型的制作面积较大，这需要制作者拥有严谨且发散的空间思维能力，同时还能够统筹兼顾，能够科学、有计划地进行制作。在使用相应的机械设备加工模型构件时，必须要注意不能有任何遗漏，要及时审查，以免出现制作完成后发现有误差的情况（图6-34～图6-38）。

图6-34 御玺滨江住宅区规划模型（宏图誉构模型）

注：区域化建筑模型的制作过程便是区域化建筑设计的展示过程。在制作模型时，要多方面考虑问题，如建筑群落比例问题、绿化比例问题、水域比例问题、灯光布局问题以及交通布局问题等。

单体建筑模型制作要求建筑结构必须稳定，建筑外观不能有任何污渍和残缺，且触感光滑，同时建筑外观的色彩搭配必须和谐

在中间层设置 LED 照明灯具，外墙窗的透光效果能营造出真实的生活起居氛围

住宅型单体建筑模型的制作要注重生活气息的营造，这样才能更好地引发公众共鸣。此外，庭院内的长廊、秋千、绿植以及暖灯等也都能快速地使公众与之共情

不采用建筑自身固有的顶盖，而是采用透明 PC 板制作顶盖，将模型内部构造与家具布局展示出来

图 6-35　恒大地产别墅模型（宏图誉构模型）

图 6-36　绿城地产别墅模型（宏图誉构模型）

（a）中小户型
墙面顶部采用较宽的深色板材收口，内部镶嵌 LED 灯带，灯具不外露

（b）大户型
地面材质为整体喷绘制作，直接铺贴，制作效率很高

精美的家具全部为采购的成品件，注意家具比例与模型比例应当对应

图 6-37　住宅户型室内模型（宏图誉构模型）

购置的成品家具模型有多种等级，这种带布艺面料的成品模型价格较高，适用于高端商业地产项目展示

室内隔墙只取40%高度，或采用透明PC板制作，可以透过隔墙展示各房间的空间布置状态

外围玻璃罩采用8 mm厚钢化玻璃制作，通过中性硅酮玻璃胶粘接密封

（a）全局鸟瞰

图6-38　住宅户型室内模型展示布置（宏图誉构模型）

（b）展台造型

底盘台柜采用15 mm厚的中密度纤维板制作，外部刮腻子并喷涂聚酯漆

四、科技生产基地建筑模型

科技生产基地的设计必须遵循安全、方便、可靠的原则，在制作科技生产基地模型前同样需要明确工厂的功能分区，并能准确、合理地进行建筑区、设备区、绿化区布局（图6-39～图6-44）。

（a）全局鸟瞰

透明 PC 板下部安装 LED 发光灯具　　　　　　　　　　　　　3D 打印成型的储存罐

（b）厂区设备与建筑 1　　　　　　　　　　　　　　　　（c）厂区设备与建筑 2

图 6-39　磷选矿工厂建筑模型（宏图誉构模型）

注：图 6-39a：工厂包含的功能区域有行政区域、研发区域、生产区域、仓储区域、物流区域、接待区域、办公区域、餐饮区域、后勤区域以及停车区等多个分区，这些都应当在模型中一一展示出来。使用雕刻机雕刻好工厂基础图形，并将基础构件组装完毕后，可依据此功能分区将组装好的构件进行分类，这样后期粘贴时比较省力，同时也能减少漏项情况的发生。图 6-39b：对于具有一定危险系数且破坏力度较大的生产区，应将其与生活住宅区隔离开来，且该区域内的绿化植物与生产设备应当有明显区分。图 6-39c：生产区域内建筑之间的距离要控制好，色彩要统一，且要标明每栋建筑物模型的真实名称，这样能更直观地向公众说明该模型的具体内容。

3D 打印成型的构件，拼接完成后外部喷涂聚酯漆

ABS 板通过机械雕刻成型后整体拼接、粘贴

图 6-40　悬链式卸船机模型（宏图誉构模型）

图 6-41　浮法成型玻璃流水线模型（宏图誉构模型）

将 ABS 板雕刻后拼接，外部喷涂聚酯漆　　　3D 打印成型的构件，拼接完成后外部喷涂聚酯漆　　　将设计图分解，通过 3D 打印成型，拼接完成后外部喷涂聚酯漆　　　由 3 mm 厚 PVC 板弯曲围合而成

图 6-42　水泥回转窑模型（宏图誉构模型）

图 6-43　球体储罐模型（宏图誉构模型）

图 6-44　圆柱体储罐模型（宏图誉构模型）

五、健身房室内空间模型

健身房是公众用于健身、康复、锻炼的场所，随着公众对运动的热爱程度不断提高，健身房也越来越受欢迎（图6-45～图6-46）。

（a）一层布局

用透明有机玻璃圆棒
制作支撑构件，分离
上下两层

用透明有机玻璃板封闭
顶部，防止灰尘进入

（b）二层布局　　　　　　　　　（c）支撑构造

图6-45　加倍健身房室内模型（宏图誉构模型）

注：健身房内部包含的功能分区与健身房规模有很大关系，常见有跑步区、瑜伽区、力量训练区、武术训练区、舞蹈区、游泳区、沐浴区等，这些功能分区在健身房模型中应当有明确的标注。

（a）全局鸟瞰　　　　　　　　　　　　　　力量训练区　　　　　　跑步区

（b）休闲区　　　　　　　　　　（c）运动区　　　　　　　　动感单车教室

图6-46　杰仕健身房室内模型（宏图誉构模型）

注：健身房内部功能分区布局不可过于紧凑，这一点在模型中要表现出来，在选择健身器材的制作材料时，注意材料色彩和比例搭配。

★ **本章小结**

　　机械加工建筑模型制作是比较严谨的，随着未来机械设备不断更新，用于制作建筑模型的机械设备也会更加科技化，所制作的建筑模型也会更加注重精致和细节，最终呈现的视觉效果会更具魅力。但是决定建筑模型的质量与技术水平的关键还是在于模型制作者，机械仅仅能够在一定程度上提高制作效率和品质，而提升建筑模型质量的核心还是模型制作者的素养。

★ **课后练习**

1. 简单说明机械加工建筑模型制作应当准备哪些工具设备。
2. 分点说明雕刻机的特点。
3. 简单阐述使用雕刻机的注意事项。
4. 如何更好地运用机械加工建筑模型？
5. 如何装配建筑模型？
6. 机械加工建筑模型制作应当遵循哪些制作步骤？
7. 选择一件工厂建筑模型，并分析其制作特点。
8. 根据实际条件，运用机械加工的方式，设计并制作一件建筑室内模型。